WIE GUTER, ALTER WEIN

JOHANN-PETER REGELMANN

Wie guter, alter Wein

—— * ——

GESCHICHTE UND GESCHMACK

EINES GANZ BESONDEREN SAFTS

 THORBECKE

Inhaltsverzeichnis

»Wie guter, alter Wein« – das klingt wie ein Versprechen, aber auch wie ein Vergleich.

¶ Beginnen wir mit dem Vergleich: Dieses Buch vergleicht sich nicht mit den großen, berühmten und für den Kenner unentbehrlichen Weinbüchern und Weinführern. Jedes dieser Bücher hat seinen eigenen Stellenwert am Markt und seine Bedeutung für die jeweilige Zielgruppe. Dieses Buch hat eine andere Absicht.

¶ In den Weinführern und Ratgebern werden zwar auch Grundinformationen zum Thema Wein geboten, etwas anderes steht jedoch im Vordergrund: der Vergleich und die Bewertung der in großer Zahl vorgestellten Weine aus den verschiedenen Anbaugebieten. Dabei kommen Vorlieben zum Tragen, die Ergebnis einer jeweils sehr persönlichen Geschmacksbildung sind. Doch selbst wenn man sämtliche dieser Beurteilungen und Argumentationen nachvollziehen kann, so muss der Wein, den man daraufhin kauft, nicht unbedingt das Geschmackserlebnis bieten, das der Autor versprach. Auf derlei Empfehlungen wurde daher an dieser Stelle weitgehend verzichtet. Dieses Buch vermittelt dem Leser vielmehr grundlegende Informationen zum Thema Wein – von der Traubenlese bis zum fertigen, auf Flaschen gezogenen Produkt.

¶ Wein ist ein Kulturgut und als solches sehr alt. Es begleitet den gesamten Prozess der Zivilisation des modernen Menschen seit der letzten Eiszeit. Wie sich dieses Kulturgut in seinen aktuellen Varianten weltweit präsentiert und wie es aufgenommen und weiterentwickelt wird, ist nicht unser Thema. In erster Linie soll vermittelt werden, was sich aus der langen Natur- und Kulturgeschichte des Weins als bleibend und tragend erwiesen hat und wie wir Heutigen sinnvoll an diese Geschichte anknüpfen können, um dem Wein eine niveauvolle Zukunft zu geben. Das ist das Versprechen.

¶ Eine solche grundlegende Hinführung zum Phänomen Wein kann und will sich nicht national oder gar regional beschränken. Das darf sie auch gar nicht, denn in dieser Form sucht sie allgemeine Gültigkeit. Auf der anderen Seite stammt der weltweit geschätzte und angebaute Wein aus dem Grenzgebiet zwischen Europa und Asien und ist in der Wiege der europäisch-vorderasiatischen Kultur zuerst in unserem heutigen Sinne kultiviert worden. Die heute üblichen Anbau-, Ausbau- und Keltermethoden haben ihren Ursprung ebenfalls in dieser Region. Das verleiht ihr eine Art natürlicher Dominanz in diesem Buch. Trotzdem stellen die folgenden Seiten ein allgemein einführendes Weinbuch dar, kein Buch über eurasischen oder gar deutschen Wein.

¶ Das gilt auch für die Illustrationen dieses Buchs. Den Schwerpunkt bildet die repräsentative Auswahl aus einem der schönsten historischen Weinbücher überhaupt, dem Mappenwerk »Le Raisin: ses espèces et variétés dessinées et colorées d'après nature« von Johann Simon von Kerner, zwischen 1803 und 1815 in zwölf Lieferungen in Stuttgart erschienen. Dieses Werk bietet eine berauschende Fülle von großformatigen, höchst naturgetreuen und handkolorierten Abbildungen, die an sich schon künstlerischen Wert besitzen. Darüber hinaus darf es als führende Quelle für die Kenntnis der zu Beginn des 19. Jahrhunderts bekanntesten und beliebtesten Tafel- und Keltertrauben gelten. Hier kann selbstverständlich nur ein kleiner Ausschnitt aus den darin enthaltenen Schätzen geboten werden.

¶ Johann Simon von Kerner (1755–1830) war Professor für Botanik an der Hohen Carlschule in Stuttgart und als solcher Lehrer des berühmten französischen Naturforschers Georges Cuvier. Er verfasste und illustrierte mehrere ökonomisch-botanische Studien, die heute alle äußerst selten sind. Da er nun eben auch Urheber des genannten Weinbuchs ist, wird er oft als Namengeber des württembergischen Kerners gehandelt.

¶ Dieser beliebte Wein wurde jedoch nach dem schwäbischen Arzt und Dichter Justinus Kerner (1786–1862) benannt, der in Weinsberg ganz in der Nähe der Staatlichen Versuchsanstalt für Wein- und Obstanbau im heute noch so genannten »Kernerhaus« lebte. Von dieser Versuchsanstalt wurde die nach ihm benannte Sorte aus den Sorten Trollinger und Riesling gezüchtet.

¶ Auch viele der weiteren Illustrationen des Buchs sind so ausgesucht, dass sie Seltenes oder Vergessenes aus alten Bibliotheken wieder zutage fördern und der Öffentlichkeit zugänglich machen. Alle sollen Lust darauf machen, sich auch einmal tiefer mit diesem Aspekt des Themas Wein zu befassen.

¶ Nun sind wir bereits mitten im Thema. Doch bevor wir es jetzt systematisch vertiefen, möchte ich noch meinen Dank an den Thorbecke Verlag aussprechen. Dessen Leiter, Dr. Jörn Laakmann, hat mich davon überzeugt, aus einem ursprünglich umfangreicher angelegten Projekt den hier abgehandelten Aspekt separat zu behandeln, und mir zugleich die Möglichkeit geboten, dies im Rahmen eines für seine vorzüglichen Buchausstattungen bekannten Programms zu tun. | 🦋

Die Weinrebe

∽

ZUR NATURGESCHICHTE
DER WEINTRAUBE

∽

Sehr früh schon haben die Menschen entdeckt, dass die Früchte der Weinpflanze nicht nur genießbar, sondern zumeist auch sehr wohlschmeckend sind. Funde aus der Vorzeit haben gezeigt, dass die Weinpflanze den Menschen in allen Erdteilen, die in dazu geeigneten Klimazonen lebten, wohl lange Zeit bekannt war. Es haben sich Spuren dieser Pflanze auf allen Kontinenten finden lassen. Diese globale Verbreitung hat dann jedoch mit der Eiszeit ein Ende gefunden. Denn seit dem Abschmelzen der Gletscher nach dem Höhepunkt der letzten Eiszeit, seit etwa 15.000 vor unserer Zeit, das sich mit vielen Unterbrechungen bis gegen 10.000 vor unserer Zeit hinzog, bildeten sich völlig neue ökologische Bedingungen heraus. Diese begünstigten einerseits die Durchsetzung des modernen Menschen, des Homo sapiens sapiens, gegenüber allen seinen Vorläufern und Konkurrenten, denn er fand nun allmählich die für seine Existenz zuträglichsten Umstände vor.

❡ Auf der anderem Seite war die Ausbreitung des *Homo sapiens sapiens* mit Sicherheit nicht der Grund oder gar die Hauptursache für das langsame Verschwinden vieler Tierarten, etwa des Mammuts, und die Verarmung der Flora. Was den Menschen förderlich war, benachteiligte ganz offensichtlich die Lebenssituation einiger Tiere und Pflanzen seiner Lebenswelt. Die so genannte neolithische Revolution, der Übergang von der Lebens- und Wirtschaftsform der Jäger und Sammler zur Sesshaftigkeit in der Jungsteinzeit, begann und war unmittelbar gebunden an den Rückgang des Eises und die Herausbildung des damals neuen Pflanzenkleides der bewohnbaren Erdgegenden. Im Grenzgebiet zwischen Europa und Asien, zwischen den Mündungsgebieten der Donau am Schwarzen und der Wolgamündung am Kaspischen Meer trat seinerzeit eine Pflanze nachweislich wieder auf, die es so auf den anderen Kontinenten nicht mehr gab: *Vitis sylves-tris*, die Weinranke.

¶ Auf diese Zeit gehen auch die frühesten natürlichen und kulturellen Funde von Resten der Weinpflanze zurück. Kerne und Stockreste der Wildformen des Weines konnte man vielerorts an natürlichen Standorten nachweisen. Kulturfunde sind Weintraubenreste und Weintraubenkerne, die neben anderen Pflanzenresten als Grabbeigaben nachgewiesen werden konnten und auf ein Alter von gut 10.000 Jahren schließen ließen. Am Bodensee und in seiner unmittelbaren Nähe am Hochrhein wurden Traubenreste zum Beispiel in Wangen, Öhningen, Ermatingen, Steckborn und Eriskirch als Stängelgerippe gefunden. Das bedeutet, dass die Wildrebe bereits den ersten Siedlern der Nacheiszeit dort bekannt gewesen sein muss.

¶ Seit dieser historischen Zeit also können wir den Wein als natürlichen Begleiter der menschlichen Kultur betrachten, ähnlich wie dies für die Vorformen unserer Getreidearten gilt. Der genaue Übergang von der Natur- in die Kulturform des Weines und die damit eventuell einhergehende, wahrscheinlich aber um einiges später erfolgte Trennung in das, was wir heute Tafel- und Keltertrauben nennen, wird sich wohl nie mit Genauigkeit bestimmen lassen. Denn dies ist nicht nur von der Entdeckung des Getränks Wein abhängig, sondern ebenso von der Erkenntnis, dass das Gedeihen und die Geschmacksentwicklung der Trauben sehr stark vom geologisch-topographischen Profil des Standorts abhängt. Generell ging es darum, aus der wilden Rebe *Vitis silvestris Gmel.*, also der bereits vorgeschichtlich global bekannten Wildform der baumartigen Waldranke, durch echte Kultivierung zu *Vitis vinifera L.* oder ihren heute nicht mehr bekann-ten Vorformen zu gelangen. Dieser Vorgang, aus Kaukasien und dem östlichen Kleinasien (dem heutigen Anatolien) herkommend wie auch die Pflanze, deren Verbreitungsursprung im Gebiet zwischen dem Schwarzen und dem Kaspischen Meer lag, muss nach heutigen Kenntnissen spätestens im 4. Jahrtausend vor unserer Zeit abgeschlossen gewesen sein. Danach drang sie nach Süden und Westen vor. Somit kannten alle Hochkulturen des Altertums, die Einfluss auf unsere Kultur hatten, die Traube und den Wein.

¶ Dafür argumentiert ebenfalls die sprachgeschicht-liche Forschung. Die alten Formen der mittel- und nordeuropäischen Sprachen haben ihr Wort für Wein – *wein, wejn, win, vin* zum Beispiel – sehr früh aus dem lateinischen *vinum* übernommen. Das gilt auch für die meisten heute noch gebräuchlichen Bezeich-nungen im Bereich des Weinbaus und der Vinifikation, der Weinherstellung. Dieses Wort wurde aber von den Latinern aus einer anderen, fremden Sprache über-nommen und latinisiert. Dasselbe lässt sich vom griechischen Wort für Wein, *oinos* – daher der Name Önologie für Weinkunde –, sagen, ebenso wie vom hethitischen *wijna* oder *wijana*. Eine Quelle sieht man im sehr alten Wort *gwino* für Wein aus der georgischen Sprache, die ihre Wurzeln im nicht-indogermani-schen Sprachstamm hat. Und Georgien, das historische der Sprachentwicklung als auch das heutige, liegt im kaukasischen Hellespontusgebiet. Hier zehren also die indogermanischen und semitischen Sprachgruppen aus einer vielleicht älteren Sprache, eventuell aber auch nur aus jener Sprachgruppe, die den Wein zuerst sys-tematisch im Vokabular führte.

DAS GROSSE FASS IM HEIDELBERGER SCHLOSS / Johann Kasimir, Regent der Kurpfalz, ließ 1589 bis 1592 als besondere Attraktion im Heidelberger Schloss ein Fass »wie keines noch auf Erden« in einem eigenen Gebäude bauen. Der Küfer Michael Werner aus Landau baute es mit einem Fassungsvermögen von 130.000 Litern. ¶ Dieses erste große Fass wurde im Dreißigjährigen Krieg zerstört. Kurfürst Karl Ludwig ließ 1664 als Sinnbild des Weinsegens der Pfalz ein neues Fass bauen, das 195.000 Liter fasste. ¶ Schließlich veranlasste Kurfürst Carl Theodor 1750/51 die Herstellung des noch heute bewunderten Großen Fasses durch Johann Jakob Englert. Es ist sieben Meter breit und achteinhalb Meter lang und hat ein Fassungsvermögen von 221.726 Litern. Wie seine Vorgänger hat es auf seiner Oberseite einen Tanzboden. ¶ Berechnungen über den Weinverbrauch des Hofes ergaben, dass das erste Große Fass in zwei bis drei, das zweite in vier bis fünf Monaten ausgetrunken war. Das Fass Carl Theodors war aber wohl noch weniger als seine Vorgänger zum täglichen Gebrauch bestimmt. Die Fässer dienten vielmehr zum Sammeln des Zehntweins in der Kurpfalz. Ihr Inhalt wird also ein Sammelsurium aus den verschiedensten Weinen und Weinlagen meist minderer Qualität gewesen sein. ¶ Ob es an der Weinqualität gelegen hat, dass die Sage geht, Europas wertvollster Unterkiefer, der des HOMO HEIDELBERGENSIS genannten Vormenschen, sei im Bodensatz des Fasses entdeckt worden? Nun, nur wenn die Urheber dieses Studentenulks aus besagtem Fass genossen hätten, wäre dies ein schlechter Scherz ...

¶ Worüber die frühen Entdecker und Namengeber des Weins als Getränk seinerzeit natürlich noch nichts wissen konnten, war die Tatsache, dass der Wein nicht von ungefähr vergärt. Gärung ist nach heutigem Wissen ein biochemischer Prozess, und um diesen in Gang zu setzen, bedarf es einer Symbiose, eines Zusammenlebens, wie sie sich zwischen der ursprünglichen Weinhefe, einem Hefepilz, und der Weinpflanze entwickelt hatte. Auf die konkrete Wirkung der Hefe kommen wir in späteren Kapiteln zurück, hier soll nur darauf verwiesen werden, wie wichtig diese Symbiose überhaupt war und ist. Wenn wir heutzutage übrigens von Weinhefe sprechen, meinen wir damit die industriell hergestellte Hefe, die man für die Weinbereitung nutzt. Sie ist der Backhefe und der Bierhefe sehr nahe verwandt. Alle drei Formen werden heute bedarfsorientiert in Reinkulturen gezüchtet, also »geklont«, um gleichbleibende und berechenbare Eigenschaften garantieren zu können.

¶ Natürlich hatte die Wildpflanze der Weinranke je nach Standort bereits Variationen ausgebildet. Mit Beginn der Kultivierung besteht die Zucht und Pflege des Weines also vornehmlich im Schutz der bestehenden und der Erzeugung neuer Sorten, die stabilisiert und gegebenenfalls bis zur Anpassung an menschliche Geschmäcker und an die Ergiebigkeit der Böden veredelt werden mussten. Der Weinbauer oder Winzer gehört damit wahrscheinlich zu den ältesten renommierten landwirtschaftlichen Berufen, und die angeschlossenen Zulieferer gehören zu den ganz alten Handwerksberufen. Ansonsten ähnelt die Arbeit des Winzers stark der des Getreidebauern. Aus kultischen Gründen war er jedoch immer schon über die anderen vergleichbaren Berufe erhaben.

¶ Wie der Name der Wildform *Vitis sylvestris* bereits andeutet (lat. *silva* = der Wald), war die Weinpflanze ursprünglich eine Rankenpflanze, die ihre fruchttragenden Reben von den Ästen der Stützpflanzen herabhängen ließ. Mit der Kultivierung ergab sich nicht nur eine stark veränderte Variante dieser Zucht- und Wachstumsweise, sondern es entstanden noch zwei weitere, die sich ebenfalls in Variation bis heute erhalten haben.

¶ Stützpflanzenvariante: Relativ langsam wachsende Bäume wie bestimmte Eichen und Ulmen vor allem des Mittelmeerraums werden als junge Pflanzen, die gerade kräftig genug geworden sind, um diese Belastung auszuhalten, gerne für einen durch Stützpflanzen getragenen Anbau herangezogen, zum Teil sogar speziell dafür gepflanzt und über viele Jahre durch entsprechende Behandlung (Beschneidung, Wuchshemmung) gehalten, damit sich die Anlage eines solchen Weingartens auch lohnt.

¶ Stock- und Spaliervariante: Dies ist die heute verbreitetste Form des Anbaus vor allem in den nördlichen Breiten, aber auch in Südfrankreich und Norditalien. Bei der Stockvariante braucht der Weinstock etwas, auf das er sich stützen kann, weil nur im Hochwuchs der gewünschte Ertrag sich einstellt. Die Spaliervariante unterscheidet sich davon nur dadurch, dass die derart angebauten Weinpflanzen sich selbst aufrichten und tragen können. In beiden Varianten werden jedoch die Ranken hochgebunden und seitlich ausgebreitet, um ihnen möglichst viel Sonnenlicht zuteil werden zu lassen. Schutz vor zu heißer Sonne bieten diesen Sorten ihre Blätter, wenn sie großflächig genug sind, oder großblättrige Gastpflanzen im Weinberg. Letzteres ist bei uns sehr selten, weil die Temperaturen gewisse kritische Höchstwerte gar nicht erreichen. In Griechenland jedoch und Süditalien etwa muss man örtlich zu diesem Mittel greifen.

¶ Variante der bodenkriechenden Ranke: Hier gibt es zwar auch einen Weinstock, der aber im Wuchs durch ungehemmte Verknotung und Verwindung in sich keine nennenswerte Höhe erreicht und dessen Ranken sich deshalb am Boden ausbreiten. Besonders antike Autoren berichten darüber, dass diese Art des Anbaus und diese Wuchsform damals weit verbreitet waren. Heutzutage ist sie eher selten geworden, aber in einigen Regionen Spaniens – zum Beispiel auf der Kanareninsel Lanzarote – etwa kann man sie sogar als vorherrschende Anbauweise vertreten sehen.

¶ Neben der Wuchsform des Weinstocks sind die verschiedenen Farben der Trauben ein auffälliges Merkmal. Seit der Niederschrift der antiken Originalwerke zum Landbau oder ihrer späteren Zusammenfassungen, also seit gut 2500 Jahren, sind Weinbeeren mit den Farbbezeichnungen schwarz, violett, blau, dunkel-, mittel- und hellrot, grau, silbern, gelb, grün und weiß bekannt.

| Weinstöcke im Winter |

Des Weiteren war die Herstellung von schwarzem, rotem, Rosé-, grünem und weißem Wein bekannt mit allen dazugehörigen Methoden, die wir später in modernen Namen und Verfahren kennen lernen werden.

¶ Eine weitere biologische Auffälligkeit ist, dass die Schalen der einzelnen Weintraubensorten sehr verschieden sind. Das Problem ist nicht – wie wir es von den Tafeltrauben her kennen –, dass es dick- und dünnwandige Trauben gibt, sondern dass dickschalige durchaus eine gewisse Zartheit aufweisen und dünnschalige derb sein können, und dass Dick- und Dünnschaligkeit mit verschiedenen Säureempfindungen einhergehen. Alle diese Eigenschaften hat der Weinbauer im Laufe der inzwischen vergangenen Jahrtausende versucht in den Griff zu bekommen. Das Ergebnis sind die mannigfaltigen Traubensorten, die unsere heutigen Weine maßgeblich bestimmen, wobei die meisten der alteingeführten europäischen Sorten auch in den USA, in Mittel- und Südamerika, in Australien und in Nord- und Südafrika angebaut werden. Nordafrika nimmt dabei eine Sonderstellung ein, denn speziell das östliche Nordafrika gehört zu den Gebieten, in welche die Kulturform der *Vitis vinifera* besonders früh eingewandert war.

¶ Offensichtlich keinen Einfluss auf den Geschmack des vergorenen Traubensaftes hatten die diversen Formen der Reben und der Beeren. Wenn man sich einmal kurz der Vorstellung eines Tafeltraubeneinkaufs auf dem Markt oder im Laden hingibt, so hat man unwillkürlich das Bild einer sehr dicht gewachsenen Rebe vor sich mit eher dicken Beeren, ausnahmsweise weniger dicken. Aber dieser Rebenwuchs ist ebenfalls sorten- und standortabhängig. So gibt es dürre (dünn besetzte) und fette (dicht besetzte) Reben, diese wiederum an der

Ranke in unterschiedlichem, einmal großem, dann wieder geringem Abstand voneinander. Die Beeren selbst sind rund, tropfenförmig, länglich, herzförmig (Doppeltrauben), sogar bananenartige Formen soll es geben. Wer solche scheinbaren Fremdformen im Weinberg beim Wandern antrifft, soll sich nicht wundern: Sie alle sind Repräsentanten der angebauten Form, sie beeinflussen den Charakter des Endproduktes nicht.

¶ Für die Weinherstellung als solche sind wichtig: die Beere selbst als Saftlieferant, deren Schale mit den Kernen als eventuelle Farb- und Säuregeber und der ganz kurze Beerenstängel. Alles dies und andere Pflanzenteile, zum Beispiel das Traubengerippe, das beim Keltern mitgepresst wird, ist nach der ersten Pressung und der zweiten Pressung des Presskuchens der Trester. Aus ihm kann durch eine spezielle Destillation Tresterschnaps gewonnen werden. Werden diesen eigentlich unedlen Resten eine gehörige Menge Wein, Erstpressungsrückstände und Most zugefügt, so wird der Tresterschnaps natürlich besonders edel, aber immer noch nicht zu dem, was man sonst Weinbrand oder Branntwein nennt. Dies nur als Hinweis auf das, was aus »Wein« sonst noch alles mit einer gewissen Authentizität gemacht werden kann.

¶ Den antiken Autoren zufolge waren alle damaligen Weine mit wenigen Ausnahmen schwer, das heißt, sie hatten einen hohen Alkoholgehalt. Das lag wahrscheinlich vornehmlich daran, dass die antiken Weinbauer die alkoholische Gärung nicht beeinflussen konnten. Nach Plinius, der ein sehr genauer Beobachter und echter Naturforscher war, gab es allerdings nur wenige Weine – aus eigener Kenntnis berichtet er nur von einem einzigen –, die einen schweren Kopf machten. Dies muss man abhängig vom antiken Usus des

Weinkonsums sehen: In der – zumindest klassischen – Antike wurde Wein nur verdünnt getrunken, wenn man einigen Autoren glauben darf sogar bis zum Verhältnis 1:20. Hierbei muss man allerdings in Betracht ziehen, dass Wein seinerzeit nur für die freien Bürger etwa Athens oder Roms erschwinglich war und diesen nicht nur zu ihren »Symposien« genannten Gelagen diente, die oft in völliger Trunkenheit endeten. Nein, ein wesentlicher Zweck dieses als »gesund« bezeichneten Getränkes bestand auch darin, das alltägliche, aber deshalb nicht unbedingt saubere Trinkwasser aus Quellen oder Brunnen genießbar zu machen. Da dies lebensnotwendig war, gab es seinerzeit rituelle Weingaben an die Armen und Unfreien – in Griechenland meist in Verbindung mit den jahreszeitlichen Dionysosriten. In Ägypten etwa gab es jedoch ein viel billigeres Rauschgetränk als Grundnahrungsmittel: das aus Getreide und/oder Obst plus Zusatzstoffen hergestellte Bier.

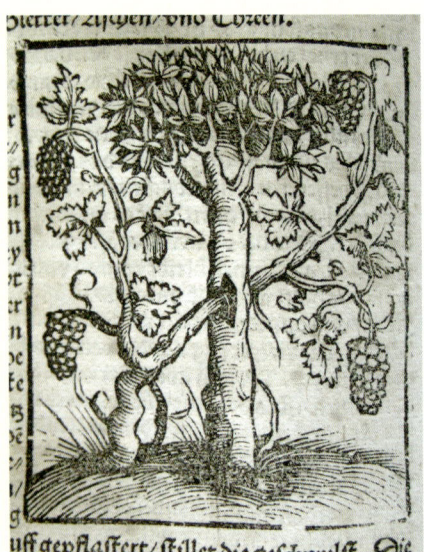

| Eine Weinrebe und ihr Stützbaum |

¶ Wie viele andere natürliche Pflanzen hat die Weinranke nicht nur einen Symbionten, also ein Lebewesen, das eine Symbiose – eine Lebensgemeinschaft zum gegenseitigen Nutzen – mit ihr eingeht. So gibt es auch beim Wein neben der Weinhefe noch einige weitere. Teilweise sind es ebenfalls Pilze, wie der Echte und der Unechte Mehltau, teilweise Insekten wie die Reblaus. Wenn man heute im günstigen Segment eines Supermarktes einen Wein im Angebot findet, der sich »Kleine Reblaus« nennt, so mag man nicht daran denken oder es sogar nicht wissen, welchen Schaden so eine »kleine« Reblaus im Weinbau anrichten kann. Darauf kommen wir später noch zurück. Der Mehltau hingegen gedeiht nur unter gewissen Bedingungen, die mit der Pflege der Pflanzen und des Weinbergs etwas zu tun haben, hauptsächlich jedoch bei bestimmten Witterungseinflüssen.

¶ Gegen den Mehltau wird im Weinbau mit Pflanzenschutzmitteln angegangen. Die entsprechende chemische Keule hat allerdings Nebenwirkungen. Dazu gibt es noch den Kunstdünger, der in die Weinberge eingebracht wird. Das ist einerseits teuer, sichert andererseits Erträge und Qualitäten – und scheint sich zu rechnen. Aber die Traube selbst dankt es nicht, und der Boden und das Grundwasser schon gar nicht. Die Frage lautet: Wie ist man in den frühen Zeiten ohne chemische Kenntnisse mit diesen »Weinschädlingen« umgegangen und zurechtgekommen? Zum Beispiel gab es früher die heutigen Monokulturen mit ihrer Krönung im so genannten »sortenreinen Lagenanbau« nicht, sondern stets sehr viel zuträglichere Mischkulturen. Dadurch sind wahrscheinlich die Schädlingsbefälle aus rein biologischen Gründen nicht oder wenigstens nicht in der uns bekannten Heftigkeit aufgetreten.

❡ Beim Anbau der Rotlinge werden wir später einer solchen gemischten Kultivierungsart begegnen. Eine andere bietet sich im so genannten biologischen oder ökologischen Weinbau an. Hier werden als Symbionten bekannte Pflanzen mit dem Wein zusammen gebracht, die sich in ihren Ansprüchen nicht in die Quere kommen, dafür aber auf vielfältige Weise gegenseitig vor Schädlingen schützen. Mit der Stützpflanzenvariante der Rankenaufzucht im Weinbau haben wir bereits eine solche bewährte Form des Zusammenlebens verschiedener Pflanzen kennen gelernt, wenn auch unter anderem Vorzeichen. In Europa wurden zudem mehltau- und reblausresistente Reben gezüchtet, die den hiesigen Böden angepasst sind und nicht ständig mit den ohnehin resistenten amerikanischen Trauben gegengekreuzt werden müssen. Die Gattung *Vitis* gibt also ein solches biologisches Potential her. Die Biologie unserer Weintrauben und ihre Erforschung wird in den nächsten Jahren noch einige Überraschungen bringen. Die Verantwortlichen müssen sich dieser Aufgabe nur entschieden stellen und den ökologischen Forderungen der Zeit entgegenkommen. | 🦋

| Le raisin de Corinthe blanc – der weiße Korinther |

❂ **Ahr**
linksrheinischer Nebenfluss, der südlich von Bonn mündet,
500 ha

❂ **Baden**
rechtsrheinisch zwischen Basel und der Neckarmündung,
im Hegau und am Bodensee, 15.500 ha

❂ **Franken**
am Main und seinen Nebenflüssen zwischen Aschaffenburg
und Hassfurt, 6000 ha

❂ **Hessische Bergstraße**
Verlängerung des badischen Anbaugebiets vom Neckar nach
Norden in Richtung Darmstadt, 450 ha

❂ **Mecklenburg-Vorpommern**
(seit 2004, siehe Seite 30)

❂ **Mittelrhein**
von der Nahemündung bis Koblenz beiderseits des Rheins,
zwischen Koblenz und Bonn nur rechtsrheinisch, 500 ha

❂ **Mosel-Saar-Ruwer**
zwischen Koblenz, Trier und der französischen Grenze,
11.000 ha

❂ **Nahe**
naheaufwärts von der Mündung einschließlich der Neben-
flüsse, 4500 ha

❂ **Pfalz**
südlich an Rheinhessen anschließend, um Neustadt an der
Weinstraße, 23.000 ha

❂ **Rheingau**
rechtsmainisch und -rheinisch um Wiesbaden, 3200 ha

❂ **Rheinhessen**
linksrheinisch um Mainz, 26.000 ha

❂ **Saale-Unstrut**
um die Mündung der Unstrut in die Saale nördlich von Jena,
650 ha

❂ **Sachsen (Elbe)**
am Elbelauf um Dresden, 450 ha

❂ **Württemberg**
Gebiete an Neckar, Enz, Jagst, Kocher und Tauber,
11.000 ha

Großflächiger Weinbau ist nur in der Pfalz, in Rheinhessen und in
Baden möglich, in den übrigen Anbaugebieten erstreckt er sich überwiegend entlang der Flusstäler.

WEIN UND »KATER« / Viele Bücher beschäf-
tigen sich damit, etwas garantiert Wirkungs-
volles gegen die oft unangenehmen Folgen eines
feucht-fröhlichen Abends anzubieten. In der
Regel geht es darum, den leiblich-seelischen
Gesamtzustand nach einer langen Nacht des
Durcheinandertrinkens verschiedener Alkoholika
wieder in eine gewisse Balance zu bringen.
Besser ist es natürlich, sich solche Situationen
von vornherein zu ersparen. So genügt es bei-
spielsweise vollauf, sich ausschließlich an Wein
zu halten. ¶ Wein belebt anfangs alle Sinne
und das Wohlbefinden. Nach einigen Gläsern
bleibt zwar das Wohlgefühl, aber die Sinne lassen
nach. Da ändern auch gutes Essen und das
Trinken von (Mineral)Wasser nichts, obwohl
beides zur Begleitung sehr zu empfehlen ist. Der
Eindruck übrigens, trotz überdurchschnittlichen
Weingenusses länger als erwartet nüchtern zu
bleiben, stellt sich sehr ausgeprägt dann ein,
wenn man all dies in angenehmer Runde teilt. Die
obligatorisch eintretende Weinmüdigkeit bringt
schließlich ein harmonisches Ende. ¶ Am folgenden Morgen zählt man beim Frühstück über-
rascht nach, dass pro Gast doch so einige Viertel
getrunken wurden, ohne dass auch nur eine(r)
über einen Kater klagt. Das hat zweierlei Ur-
sachen: erstens die Qualität des Weins, auf die
bei derlei Gelegenheiten unbedingt geachtet
werden muss, und zweitens das Ambiente, das
gewählt wurde. Es gilt also: An gutem Wein
kann man sich zwar betrinken, aber nie besau-
fen. Katerrezepturen sind damit überflüssig!

Tab. B.

Die Arbeit

IM WEINBERG

Heute wird Wein in Weinbergen, Weinterrassen, wie am Kaiserstuhl, in Weingärten, das heißt in kleineren umgrenzten Parzellen, und auf großen offenen Flächen, die man Weinfelder nennen könnte, angebaut. Die typische Wuchsform des Weinstocks, wie sie uns vor allem in Europa begegnet, ist die des Strauches. Die Pflanze entwickelt sich hier aus immer nur einem Stamm, dem Weinstock, aus dem dann eine Fülle von Ästen herauswächst, die eigentlichen Ranken, aus denen wiederum die fruchttragenden Zweige, die Reben, sprießen. Sie sind das angestrebte Ziel des Weinbaus, und alle Weinbaumaßnahmen sind darauf gerichtet, diese Reben so sortenrein und gehaltvoll zu ziehen und zu erhalten, dass sie den immer schon strengen Richtlinien und gesetzlichen Vorschriften des Weinbaus entsprechen und die Endprodukte höchstmögliche Qualität erreichen.

❡ Schon der Stamm, also der Weinstock, kann sich beim Wachstum um eine Stützpflanze winden. Er verästelt und verzweigt sich dabei der Stützpflanze folgend. Da dieses Höhenwachstum natürlich viel Energie und Wuchsstoffe beansprucht, die schließlich in den Trauben fehlen, muss bei entsprechender Anbauform die Höhe der Stützpflanzen genau bemessen und begrenzt werden, um eine gute Traubenqualität zu erhalten. In verschiedenen Anbaugebieten in Südfrankreich, Italien, Griechenland und der Türkei werden die Ranken an jungen Eichen oder Ulmen gezogen, die sich in ihrem Wuchsverhalten als ideale Stützen erwiesen haben.

❡ Wird der Weinstock aber kurz gehalten, also stets bei halber oder höchstens dreiviertel Menschengröße beschnitten und zum Verzweigen angeregt, dann haben wir das in Deutschland vertraute Bild des »Weinstrauches« vor uns. Die frühe Beschneidung verhindert allerdings nicht, dass der Weinstock sich in sich verdreht und windet und dadurch im Laufe der Jahre stark verknotet. Darin offenbart sich der biologische Charakter von *Vitis vinifera* als einer rankenden Pflanze, die in ihrer Wildform noch heute als Waldranke in enger Gemeinschaft mit verschiedenen Stützpflanzen lebt. Starke Knoten lassen somit auf das Alter eines Weinstocks schließen.

¶ Zweck des Beschneidens ist es also, die Wachstumskraft des Weinstocks und die über ihn aufgenommenen Nährstoffe in höchstmöglicher Konzentration in die Reben zu lenken und sie dort einzulagern und zu verdichten. Ein erfahrener Weinbauer erkennt spätestens mit Einsetzen der Reifephase der Trauben im Hoch- oder Spätsommer, ob er mit seinen Weinbaumaßnahmen dieses Ziel erreicht hat oder ob ein Jahrgang eine geringere Qualität erreicht. Noch während für geraume Zeit die Reben am Stock hängen, kann er das Vorgehen beim eventuellen Ausbau seiner Weine überlegen oder auf Vermarktungsstrategien sinnen, die seine unter Umständen nur durchschnittlichen Endprodukte doch zum Kunden bringen.

¶ Die Beschneidung ist ein komplexer Prozess, der im Zyklus der Arbeit des Weinbauern einen besonderen Stellenwert besitzt. Wenn etwa besonders günstige klimatische Bedingungen eines Jahres dem Wachstum der Reben außergewöhnlich förderlich sind und sie zu dicht und groß wachsen, müssen sie von Zeit zu Zeit ausgedünnt werden, weil man sonst zwar eine riesige Ernte hätte, die Qualität aber zu wünschen übrig ließe.

¶ Der Zyklus des Weinbauern folgt einem bewährten Muster: Nach der Weinlese im Herbst werden die Weinstöcke und Ranken zunächst stark zurückgeschnitten, so dass der Weinberg nach der Lese wie kahlgeschoren aussieht. Dieser Eindruck wird dadurch verstärkt, dass die Weinranke wie alle anderen Blattsträucher im Herbst ihre Blätter verliert. Nun liegen Blätter und Leserückstände im Weinberg und bilden einen natürlichen organischen Mull. Dieser wird dann schließlich untergepflügt, mit allen nachgewachsenen Unkräutern, die während der letzten Reifephase und der gesamten Lese nicht mehr gejätet werden konnten.

¶ Nun sieht der Weinberg wie aufgeräumt aus: Es stehen nur noch die knorrigen Weinstöcke in Reih und Glied mit den typischen Gassen zwischen den Reihen, die heute gerade so breit sind, dass sie den speziell für die Arbeit im Weinberg konstruierten motorisierten Mehrzweckgeräten die Durchfahrt erlauben. Diese Maschinen mit ihren Spezialwerkzeugen haben in der Ebene sowie im leicht- bis mittelsteilen Hang sämtliche Arbeiten übernommen, die früher von Hand erfolgten: Pflügen, Düngen, Eggen, Vertikulieren, Jäten, Pflanzenschutzmittel sprühen, gegebenenfalls Wässern. Sie übernehmen sogar die Lese: Ältere Versionen dieser Maschinen pflückten mechanisch und wie von Hand die vollständigen Reben samt Stängeln und Stielen von den Ranken und sammelten sie in Körben. Die modernen Modelle schütteln die Trauben aus den Reben in entsprechende Behälter, so dass sehr viel weniger Trester beim Pressen anfällt. An steilen Hängen und traditionell in vielen klassischen Rotweinanbaugebieten bzw. -lagen wird noch die alte manuelle Lese der kompletten Reben mit Stängel und Stiel angewandt, weil die für den Rotwein wichtigen Tannine nicht nur in der Schale, sondern vor allem im weichen Holz der Stiele lagern.

DER WEIN IM MITTELALTER / Im Mittelalter breitete sich der Weinbau bis in die nördlichsten Gebiete Frankreichs und Deutschlands aus. Wichtige Anbauflächen waren in Frankreich die Städte Lille, Caen, Beauvais und Rennes. Wenn das Wetter eine reiche Ernte zuließ, war Wein Volksgetränk. Vom Bauern bis zum Adeligen tranken alle Stände im Schnitt ein bis zwei Liter Wein pro Person am Tag. In Italien wurde wegen des stabileren Warmklimas noch mehr und noch regelmäßiger Wein genossen. ¶ Auch im Mittelalter gab es gute und schlechte Weine. Die armen Leute in der Stadt fanden am Markt billigen Wein von minderer Qualität. Dieser wurde auch als »Nachwein« bezeichnet. Er wurde durch Zweitpressung des Presskuchens gewonnen. Die erste Pressung ergab den »Muttertropfen«, der für die Reichen und Adeligen bestimmt war. ¶ Auf den Märkten des Nordens wurden hauptsächlich französische Weine verkauft. An den aristokratischen und bürgerlichen Tafeln Nordeuropas setzten sich Weine aus Bordeaux und Burgund durch, da diese sehr jung zu trinken waren und wenig Alkohol enthielten. Die Italiener importierten kaum französischen Wein. Sie gaben sich mit lokalen Sorten zufrieden, da diese etwas voller im Geschmack waren. Allerdings hegten sie wie ihre nördlichen Nachbarn eine gewisse Zuneigung zu griechischen Likörweinen. Das ganze christliche Abendland importierte Süßweine aus Kreta, Tyros und Zypern. Die zyprischen Weine erfreuten sich in Frankreich großer Beliebtheit. Sie waren aber den reichen Ständen vorbehalten, da sie sehr teuer waren. Zum Essen wurde der Hippokras bevorzugt, ein Wein, der mit Zucker und Honig gesüßt und stark gewürzt wurde. ¶ Die Wahl des Weines war von der sozialen Zugehörigkeit, vom Alter und der körperlichen Verfassung abhängig. Die höheren Ständen bevorzugten Weißweine, da diese raffinierten Weine angeblich den Geist »reinigten«. Die fruchtigen Rotweine kamen mehr der Hände Arbeit zugute. Das liegt wohl daran, dass sie die billigeren waren. Auch in der Medizin galt der Wein als Heilmittel, das vor allem bei älteren Menschen die Melancholie vertreibt.

¶ Schon vor der Reifephase oder der Lese kann der Weinbauer sehen, ob die Stöcke den angestrebten Ertrag liefern werden. Weinstöcke können mit der Zeit ausgelaugt, besser gesagt erschöpft sein, sie werden anfälliger für die Witterung, ihre pflanzliche Wasser- und damit Stofftransportleistung lässt nach, die Reben erhalten nicht mehr genug Nahrung. Solche Stöcke müssen nicht unbedingt ersetzt werden, man kann sie wiederholt veredeln. Dies geschieht etwa durch Pfropfung. Das ist ja eine bekannte gärtnerische Maßnahme, um aus Zier- oder Nutzpflanzen gezielt bestimmte Eigenschaften herauszuholen oder sie ihnen beizulegen. So kann ein Reiser – ein jung ausgeschosster Ast – von einem jungen, kräftigen Stock einem älteren zu neuer Kraft verhelfen. Dieser Vorgang lässt sich sehr oft wiederholen, weshalb Weinberge meistens über sehr lange Zeit im ursprünglich angelegten Zustand und Bestand verbleiben.

¶ Die Aufpfropfung der Weinstöcke ist aber auch in anderer Hinsicht eine Pflichthandlung der Weinbauern. Im 19. Jahrhundert entwickelte sich nämlich in ganz Deutschland erst langsam, dann um 1880 in katastrophalem Ausmaß ein Reblausbefall, der nahezu die gesamte deutsche Weinanbaufläche befiel und darüber hinaus auch andere europäische Staaten erheblich in Mitleidenschaft zog. Nur wenige Anbaugebiete wurden verschont, und nur einige wenige der europäischen Stammsorten schienen resistent zu sein. In Deutschland waren zunächst alle Versuche, der Reblaus Herr zu werden, zum Scheitern verurteilt, der Weinbau lag fast gänzlich da-

| Eiswein | →

nieder. Wein wurde zu einem sehr teuren Importgut, und die heute oft snobistisch anmutende Vorliebe, ja Ausschließlichkeit, mit der einige Weinkenner und viele Weinliebhaber italienische oder französische Weine goutieren, nahm seinerzeit ihren Ausgang.

¶ Dann stellte man jedoch fest, dass die amerikanischen Sorten diesen Reblausbefall nicht zeigten – sie erwiesen sich als vollkommen resistent. Die deutschen Anbaugebiete wurden also mit den amerikanischen Reben neu aufgebaut und es entwickelte sich seit der Wende vom 19. zum 20. Jahrhundert langsam wieder eine Weinwirtschaft. Aber Verpflanzungen von Weinsorten können, wie wir wissen, den Effekt der Ausartung mit sich bringen, in diesem Fall den Verlust wichtiger Sorten- und Qualitätsmerkmale. Also musste man versuchen, die Resistenz der amerikanischen auf die bewährten deutschen Sorten zu übertragen. Dies konnte durch Einkreuzung und Neuzüchtung geschehen, aber eben auch durch das Aufpfropfen eines Reisers einer resistenten Pflanze. Der verleiht dann der Gastpflanze die erwünschte Eigenschaft. Diese Pfropfung wurde schließlich in Deutschland gesetzlich vorgeschrieben und gilt noch heute als verbindlich.

¶ Alt gewordene und stark in ihrer Leistung nachlassende Weinstöcke können selbstverständlich auch ausgetauscht werden. In diesem Fall wird jedoch nicht einfach ein neuer Stock gepflanzt! Über ganz Deutschland verteilt sind Rebenzuchtanstalten und Weinforschungsinstitute, die nur der Pflege und Unterstützung dieses beachtlichen Wirtschaftsfaktors dienen. Bei der Rebenzucht werden deshalb möglichst alle klimatischen und geologischen Gegebenheiten der Hauptanbaugebiete berücksichtigt, mit einem weiteren Schwerpunkt auf Resistenzzüchtung. So ist es möglich, stets ein

großes Reservoir an Weinstöcken sämtlicher Sorten – in Deutschland ca. 140 – mit Eignung für alle Anbaugebiete bereitzuhalten. Die Stöcke können dann komplett zur Neupflanzung eines Weinberges eingesetzt werden, es können aber auch geeignete Einzelexemplare zum Ersetzen alter oder kranker Stöcke genommen werden. Wird ein neuer Weinberg gepflanzt, so verlangen die neu gesetzten Stöcke normalerweise eine Einwachs- und Eingewöhnungsphase von drei bis sieben Jahren, bevor man sie gezielt zur Weinerzeugung heranziehen kann. Vorher liefern sie höchstens Trauben zur industriellen Weiterverarbeitung. Diese lange Einwachszeit kann durch die Arbeit der Aufzuchtanstalten vermieden oder zumindest abgekürzt werden. Trotzdem müssen einem Ersatzstock eventuell ein oder zwei Jahre der Eingewöhnung zugestanden werden. Hierbei helfen wiederum Pfropfreiser aus kräftigen Stöcken des Bestandes, die eventuell sogar eine Eingewöhnungszeit überflüssig machen.

¶ Pflanzen ziehen ihre Nährstoffe aus dem Boden und bedingt aus der Luft, aber auch gewisse ökologische Gegebenheiten ihres Areals sind für das Wachstum und die jahreszyklische Entwicklung von Bedeutung. Dies gilt natürlich auch für den Wein. So zeichnen sich etwa die Moselrieslinge durch die mineralischen Aromen aus, die sie aus dem Schiefergestein ziehen, auf dem sie stehen – dafür sind sie berühmt. Die Mineralfülle in Körper, Bouquet und Geschmack zeigt sich selbst bei den niedrigen Alkoholwerten dieser Weine ausgeprägt. Der Moselwinzer tut also gut daran, die mineralische Versorgung seiner Weinstöcke stets auf dem optimalen Niveau zu halten. Ein Blick in einen klassischen Mosel-Weinberg zeigt denn auch eine Bodenoberfläche, die von Schiefersplittern oder -täfelchen übersät ist. Das wird ganz gezielt so gemacht. Denn Schiefer ist ein verwitterungsfreudiges Gestein, das seine Mineralien durch Wasser gut dosiert lösen und ausspülen lässt.

¶ Zur Pflege eines Weinberges gehört also ganz elementar die rigorose Ausnutzung der geologisch-topographischen Gegebenheiten. Der Winzer muss die natürlichen Bedingungen seiner Lagen sehr gut kennen. Relativ einfach ist dies wiederum auf vulkanischem Untergrund, wie wir ihn etwa im nordwestlich des Bodensees gelegenen Hegau oder am Kaiserstuhl bei Freiburg im Breisgau finden. Nicht umsonst liegt Deutschlands bei 535 Metern höchstgelegener Weinberg am Hohentwiel, dem bekanntesten Vulkankegel des Hegaus. Aber auch der ganze Kaiserstuhl-

Komplex ist vulkanischen Ursprungs. Ähnlich dem Moselschiefer wäscht Vulkanerde gut aus und bietet eine stetige Quelle großen Mineralreichtums. Obwohl aus geologischer Sicht nicht unbedingt angezeigt, hat sich am Kaiserstuhl eine charakteristische Anlageform der Weinberge manifestiert: die seit dem 19. Jahrhundert prägende Terrassierung der Weinlagen. Durch ihre relativ großen, ja weitläufigen Terrassen mit den darauf stehenden ertragreichen Stöcken und dem extremen Sonnenreichtum erleichtert diese Anlageform sicherlich die Arbeit des Weinbauern.

¶ Seit jeher sind neben denen des Freiburger Raumes die Weine der Bodenseeregion berühmt. Dies kann ebenfalls auf die Bodenbedingungen zurückgeführt werden. Die fruchtbaren Molassehänge des Bodenseenordufers prägen den Wein von Überlingen über Meersburg und Hagnau bis Friedrichshafen und ins Hinterland. Hierhin wurde der Weinbau jedoch wie an Rhein und Mosel erst von den Römern gebracht, die bereits das Wissen um die richtige Wahl der Lagen besaßen. Am Bodensee kommen dem Weinbau dessen Wärme speichernde Wirkung und der warme Föhn entgegen, der durch das Rheintal zum Bodensee strömt. Beide sorgen bis weit in den Spätherbst hinein für milde Nächte bei vergleichsweise vielen Sonnenstunden am Tag. Obwohl vom Wärmespeicher See bereits deutlich getrennt, bieten die Südflanken der Moränenlandschaft am schweizerischen Südufer des Sees ähnlich ideale Bedingungen, denn hier entfaltet der Föhn eine noch stärkere Wirkung als am Nordufer. Außerdem ist eine Moränenlandschaft durch großen Mineralreichtum ausgezeichnet.

¶ Flusstäler sind für den Weinbau ebenfalls ausgesprochen vorteilhaft, weil sie wie große Seen auch wärme-

regulierend auf das Mikroklima einwirken. In Mainfranken etwa profitieren die Reben davon, dass das Maintal einschließlich der Nebenflusstäler ohnehin klimatisch zu den wärmsten Zonen in Deutschland gehört. Die großen Mainschleifen mit dem Fluss als Wärmespeicher ergänzen diesen natürlichen Vorteil noch, den sonst nur der Rheingraben in Baden noch in ähnlich starker Ausprägung besitzt. Dadurch gedeihen dort charakteristische Weine in großer Bandbreite von hoher Qualität. Der Mineralreichtum und damit die große Geschmacksfülle der Würzburger Steinweine hat ihnen eine Sonderstellung im deutschen Weinbau verschafft. Selbstverständlich sind Weine nie nur große prestigeträchtige Namen, sondern immer in erster Linie eine Geschmacksfrage. Von den Steinweinen wird aber international behauptet und anerkannt, dass sie uneingeschränkt hochwertig und in einem geschmacksunabhängigen und sehr positiven Sinne eigen sind.

❡ Im Weinbau treffen sich also natürliche Gegebenheiten und kulturelle Errungenschaften und ergänzen sich optimal. Obwohl sich die Arbeit des Weinbauern und diejenige des Getreidebauern rein technisch wie auch im Zyklus der jahreszeitlichen Aufgaben stark ähneln, darf man die Arbeit des Weinbauern durchaus als eigen und besonders bedeutungsvoll ansehen. Der Weinbau war wohl nicht zuletzt deshalb schon immer besonders geschützt. In Deutschland galten bereits seit dem frühen Mittelalter spezielle Gesetze, die den Winzer, seine Arbeit und sein Produkt unter den besonderen Schutz der Obrigkeit stellten. Jeglicher Weinfrevel wurde unter strenge Bestrafung gestellt. Die Privilegierung des Weinbaus und der damit verbundenen Berufe wurde gleichzeitig als bindende Verpflichtung zur Einhaltung von Weinbauvorschriften durch die Winzer angesehen. | 🦋

| Die Entwicklung der Traube |

Ein neues Weinbaugebiet

Seit dem Frühjahr 2005 darf der Weinkenner über eine Kuriosität staunen: Es gibt ab sofort einen »Mecklenburger Landwein« zu kaufen, Jahrgang 2004. Das Land Mecklenburg-Vorpommern wurde mit Beschluss des Bundesrats vom 13. Februar 2004 offiziell als »staatlich anerkanntes Weinanbaugebiet« registriert und zugelassen. Zwar geht es nur um 3,5 Hektar Rebfläche im Stargarder Land, die 2004 gut 4000 Liter Wein eintrug, aber Deutschland besitzt nun neben den altbekannten dreizehn ein weiteres Anbaugebiet. Es war wohl ein langer Kampf mit den Behörden und der Konkurrenz, aber er hat sich in zweifacher Hinsicht gelohnt. Denn erstens belegen Urkunden eindeutig, dass es vor 800 Jahren um Mirow und Burg Stargard – östlich des Müritz-Sees und südlich von Neubrandenburg – Weinbau gegeben hat, so dass man an eine alte Tradition anknüpfen konnte. Und zweitens können die Initiatoren auf einen Eintrag ins Guinness-Buch der Rekorde spekulieren, denn sie haben die Weinbau-Polargrenze erheblich nach Norden verschoben – um einen ganzen Breitengrad auf 53,25 Grad nördliche Breite! Die Grenze des Weinbaus wird hier durch ein langes kühles Frühjahr mit Frostnächten bis in den Mai hinein und ein im Oktober beginnendes feuchtkaltes Wetter definiert – lange Reifephasen sind also nicht möglich. Das Ergebnis soll jedoch gut trinkbar sein, ordentliche bodenständige Qualität einer absoluten Rarität. Dass Mecklenburg-Vorpommern als Weinanbaugebiet überhaupt zugelassen wurde, verdankt das Land übrigens den Pfälzer Weinbauern, die nämlich ihrerseits auf 3,5 Hektar Rebfläche großzügig verzichteten. Nur so konnte der deutschen Weinverordnung entsprochen werden sowie den EU-Richtlinien, die ja die Anbauflächen für jedes Land in Europa festsetzen. Ein schöner Akt der Solidarität in einer Zeit und einem Geschäft, in denen das Konkurrenzdenken sonst vorherrscht.

TAFELTRAUBEN – EIN PRAKTISCHER TIPP/ Maßvoller Weingenuss wirkt nachweislich anregend auf die Verdauung, was hauptsächlich auf den Alkoholgehalt und die durch den Alkohol ausgezogenen Inhaltsstoffe der Traube zurückgeht. Trotzdem kann sich hier und da bei jedem Menschen einmal eine mehr oder weniger ausgeprägte Konstipation ergeben, das heißt, der Darm ist träge oder versagt die Arbeit für einige Zeit komplett. Als probates Mittel hat sich – und völlig unabhängig vom Weingenuss – das vermehrte Essen von Weintrauben erwiesen. ¶ Viele Menschen neigen dazu, beim Verzehr von Kernobst die Kerne vorher zu entfernen, oft wird sogar versucht, dieses Obst auch noch zu schälen. Bei Tafeltrauben sollte man dies jedoch unbedingt ver-

meiden! In Kernen und Schale der Traube sind Fruchtsäuren, Gerbsäuren und Farbstoffe – nicht nur bei den roten Trauben – eingelagert, die auch ohne alkoholischen Auszug unter dem Einfluss der Verdauungssäfte ihre wohltuende Wirkung entfalten. Sie tragen nämlich zu einer Regulierung der Verdauungstätigkeit bei. Insbesondere jedoch wirken sie im Ensemble gegen Verstopfungen. Zwar wird man die Kerne kaum oder nur zufällig beim Essen zerkauen, weil sie sehr viel Bitterstoffe enthalten, die Schale hingegen mit den Fruchtsäuren und Farbstoffen zerkaut man sehr gut. Die ganz verschluckten Kerne regen nun die Ausschüttung von Magensäure an, die an sich bereits gegen die Darmträgheit wirkt. Zu ihr gesellen sich die Inhalts-

stoffe der Schale. Und dann kommen noch die Ballaststoffe der Kerne und Schalenbestandteile dazu, die als solche schwer verdaulich sind und zu alsbaldigem Transport durch das System anregen. Wer die Kerne zerkaut, steigert diesen Effekt sogar. Wir haben hier ein völlig biologisch-dynamisches Hausmittel vor uns, dessen medizinische Bedeutung durch die zunehmende Züchtung kernloser Varianten der Tafeltraube unterlaufen wird. Wer unter Verstopfung leidet, sollte dieses Naturmittel unbedingt einmal probieren – die Dosierung ist freibleibend. Aber ein bis zwei Hand voll Trauben pro Tag des Leidens sollten es schon sein!

| Ein Weinberg benötigt viel Pflege, um einen guten Ertrag zu liefern |

Weinlese

∽
UND KELTER

Der aufwändige Anbau des Weins mit seinem ganzjährigen Arbeitszyklus hat einzig das Ziel, im Herbst die bestmöglichen Trauben als Voraussetzung für die Herstellung guten Weins einzubringen. Die Lese steht also am Endpunkt der Arbeit im Weinberg.

❡ Den Zeitpunkt der Lese bestimmen nicht allein die Winzer aufgrund ihrer Erfahrungen, sondern er kann von Jahr zu Jahr aus natürlichen Gründen in gewissen Grenzen schwanken, je nachdem, ob es auffällige Wetteranomalien gegeben hat oder nicht. Im so genannten Jahrhundertsommer des Jahres 2003 etwa war es in ganz Europa möglich, mehrere Wochen früher als üblich mit der Lese zu beginnen. Außerdem wurde ein unglaublicher Ertragsüberschuss gegenüber den Jahren zuvor erzielt. Das hatte eine gute und eine schlechte Seite: Denn nur die absoluten Spitzenlagen, die nicht auf Ertrag, sondern stets nur mit dem Anspruch der Qualitätssicherung und Qualitätsverbesserung zur Befriedigung der hohen Ansprüche eines ausgewählten Stammpublikums angebaut werden, brachten qualitativ herausragende Ergebnisse, die besondere Erwähnung fanden. Vielfach galt das auch für alle ausgebauten Qualitätsweine mit Prädikat. Die buchstäblich »große Masse« der Weine mittlerer bis guter Qualität zeigte jedoch keine besonders erwähnenswerten Ergebnisse. Viele Weine ließen im direkten Vergleich sogar gegenüber den Vorjahren in Körper, Bouquet und Geschmacksfülle nach. Und hier ist nicht die Rede von Sonderangebotsweinen der Supermärkte! Mit Sicherheit war 2003 ein hervorragendes Weinjahr – aber eben nicht in sämtlichen Belangen.

❡ Wie bei jeder beerentragenden Pflanze bestimmt der Reifegrad den Zeitpunkt der uneingeschränkten Genießbarkeit und damit der Ernte. Gerade die Weintraube braucht zum Abschluss ihrer Reifung eine längere Phase des Warm-Kalt-Wechselspiels, wie es normalerweise Spätsommer und Frühherbst mit ihren noch sehr sonnigen und warmen Tagen und bereits kühleren Nächten bieten. Hier entscheidet sich der Zuckergehalt der Trauben, der für den Ausbau des Weines und zunächst einmal überhaupt für die alkoholische Gärung des Rebensaftes unabdingbar ist. Schlägt das Jahresklima also einmal Kapriolen – es gibt ja ab und an auch sehr regenreiche, sonnenarme oder insgesamt kühlere Sommer – und werden die Winzer dadurch verunsichert, so gibt es Hilfsmittel zur Bestimmung des Reifegrads der Trauben.

¶ Das wichtigste ist das Refraktometer. Mit diesem Gerät misst man den Zuckergehalt im Saft einer Traube. Der Winzer nimmt viele Einzelproben und -messungen an Trauben aus verschiedenen Bereichen des Weinberges und über die Dauer der gesamten späten Reifezeit vor, um sich einen Eindruck vom durchschnittlichen Reifegrad der Trauben zu verschaffen. Reifegrad meint in diesem Fall den Anteil des Zuckers in den Trauben, besser im Traubensaft. Nun muss er diese Messergebnisse mit der langfristigen Wettervorhersage abgleichen. Die Lese sollte spätestens dann erfolgt sein, wenn das Herbstwetter vom reifefördernden Warm-Kalt-Spiel zum durchgängig kalten Herbstwetter umschlägt. Ein wirkliches Problem stellt dieser Zeitpunkt natürlich nur in den nördlichen Anbaugebieten dar, die südlichen haben eher ein Problem mit der Wirkung zu großer Sommerhitze, welche die Trauben vorzeitig reifen lässt. Sie zeigen dadurch zum Teil eklatante Mängel in Geschmack und Aroma. Aber vor zu großer Hitze und Sonneneinstrahlung kann man seinen Wein eher schützen als vor Überraschungsfrost. Daher sind Wetterprognosen die Hauptverursacher von Sorgenfalten oder erwartungsvollem Lächeln beim Winzer.

¶ Die Bestimmung des Zeitpunkts der Lese ist die wichtigste Entscheidung, die der Winzer in jedem Jahr neu zu fällen hat. Denn wie gut seine Weinbereitungs- und Ausbautechniken auch sein mögen, die Qualität des fertigen Produkts wird gnadenlos von den Eigenschaften der gelesenen Trauben definiert. In den nördlichen Breiten kann ein Winzer den unreifen Trauben bei der Kelter Zucker zufügen, um einen höheren Alkoholgehalt zu erzielen; diesen Vorgang nennt man Chaptalisieren. Und einen zu sauren Saft kann man gegebenenfalls noch geschmeidig machen. Eine unreife und damit buchstäblich geschmacklose Traube jedoch ist durch nichts zu verbessern. Deshalb wird auch nicht überall dort, wo man in unserem Kulturkreis Wein anbauen könnte, wirklich Wein angebaut: Vielerorts sind die Reifezeitbedingungen klimatisch zu unzuverlässig, um immer ausgereifte Trauben garantieren zu können, obwohl vielleicht alle sonstigen Voraussetzungen für einen vielversprechenden Weinbau gegeben sind.

¶ Als Regel kann man also festhalten: Unter unproblematischen Umständen ist es für die Qualität des Weines von größter Bedeutung, dass die Trauben so lange wie möglich am Stock bleiben. Die sich dabei einstellende Zuckerkonzentration ist nämlich nicht so sehr für die Süße eines Weines verantwortlich, sondern zunächst für den Alkoholgehalt und darüber hinaus für den Gesamtgeschmack des Weines. Geeignete Trauben aller Lagen lässt man sogar unterschiedliche Zeiten länger am Stock als bis zur normalen Lese. Daraus resultieren dann die späteren Ausbaustufen Spätlese, Auslese, Trockenbeerenauslese und Eiswein. Aufgrund des hohen Zuckergehalts durch kälte- oder frostbedingte Austrocknung –

**DIE ENTSTEHUNG DES VINHO VERDE –
EINE VIELLEICHT WAHRE GESCHICHTE /**
Portugal ist nicht nur für Portwein, Douro-Spitzenlagen, Dâo-Rotweine und Matteus Rosé bekannt, sondern auch für seinen Vinho Verde, den leichten grünen Wein. Um ihn ranken sich viele Geschichten, einige befassen sich mit seiner Entstehung. Die Grundgeschichte ist folgende: ¶ Portugals große Weine werden in langen, gewundenen Flusstälern mit steilen Ufern angebaut. Nun sind Flusstäler zwar Warmfeuchtgebiete, die dem Weinbau zugute kommen, aber Portugal ist auch ein äußerst sonnenreiches Land, das oft von großer Sommerhitze und Wasserarmut heimgesucht wird. Fährt man nun etwa das Douro-Tal hoch, so wird man bemerken, dass die Weinberge wie dicht bewaldet aussehen, ganz unähnlich etwa deutschen Weinbergen. Das liegt daran, dass man den niedrig wachsenden Wein zum Schutz gegen zu heftige Sonneneinstrahlung und eventuelle Dürre im Schatten hoch wachsender, dicht belaubter Bäume anbaut. Deren Wurzelwerk bindet Feuchtigkeit, ihr Laub bietet effektiven Sonnenschutz. Zu den für diesen Zweck ausgesuchten Bäumen gehörte auch eine hochwachsende Variante von VITIS VINIFERA, der Weinranke, mit riesigen fächerartigen Blättern und kleinen grünen Beeren, die man für nicht konkurrenzfähig hielt. Als nun vor vielen Jahren einmal in einem Kaltjahr die geschützten Reben lange am Stock bleiben mussten, um ausreifen zu können, entwickelten sich auch die Beeren des Schutzbaumes außerordentlich gut. Die Bäume waren jedoch nicht beschnitten, das heißt, sie boten keine guten Bedingungen, besondere Trauben heranreifen zu lassen. Aber ihr Ertrag schien in jenem Jahr vielversprechend, und so wurden sie geerntet. Und siehe da – es ergab sich ein leichter, wohlschmeckender trockener Weißwein leicht grüner Farbe, der kühl genossen besonders an heißen Sommerabenden mit seiner feinen Säurenote eine willkommene Erfrischung bot. So wurde aus dem als untrinkbar verurteilten hässlichen Entlein des Schutzbaumes der stolze Schwan des auch bei uns äußerst beliebten und qualitativ hochwertigen Vinho Verde.

reiner Wasserentzug – sind diese Weine immer süßer als die normal gelesenen, aber deshalb nicht unbedingt lieblich. Eine trocken ausgebaute Auslese bietet vielmehr ein sehr fruchtiges, säurearm-elegantes und trockenes Gesamterlebnis auf der Zunge und im Gaumen, das seinesgleichen sucht. Trockenbeeren können diesen eigentümlichen Effekt sogar verstärkt aufbieten, weil sich auf ihnen noch eine Edelfäule bildet, die beim Vergären Extraqualitäten der Traube hervortreten lässt. ¶ Sind nun die Trauben endlich gelesen, soll ihr Saft gewonnen werden; und weil das angestrebte Endprodukt sehr sensibel ist, ist der Winzer bestrebt, das kostbare Ausgangsmaterial so schonend wie möglich zu behandeln. Es beginnt die Kelterung, die hier am Beispiel von Weißwein dargestellt wird. Die Trauben werden zunächst durch die so genannte Traubenmühle geschickt. Das ist ein Gerät, in dessen engem Durchlaufkamin von meist rechteckiger Form mehrere genoppte, aus Gummi bestehende und entgegengesetzt rotierende Scheiben in definiertem Abstand die Schalen der Trauben beim Durchlaufen leicht einreißen, damit der Saft zu einem Teil sogar ohne Druck herauslaufen kann. Dieser Saft und die aufgeplatzten Trauben werden unter Gärungsverhinderung – das heißt unter Kühlung – oft einige Tage in einem besonderen Bottich aufbewahrt, damit die Geschmacks- und sonstigen wichtigen Inhaltsstoffe, die unter und in der Schale sitzen, herausgelöst werden können. Dann schöpft man die leicht mazerierten – das heißt angerissenen, nicht zerrissenen – und etwa zu einem Drittel entsafteten Trauben ab

| Rheinhessen, ein traditionsreiches Anbaugebiet und das größte in Deutschland, ist durch seine Lage eng mit dem rheinischen Karneval verbunden und Sinnbild fröhlich-unbeschwerter Weinseligkeit. |

und gibt sie in die Presse. Unter nur leichtem Druck gewinnt man so noch einmal ein Drittel des gesamten in den Trauben enthaltenen Saftes.

¶ Den bisher gewonnenen Saft nennt man Primärsaft, er ist für die weitere Verarbeitung der beste – Traubensaft in seiner reinsten Form. Oft wird er separat vergoren und bringt so exzellente Ergebnisse. Das letzte, durch starkes Pressen gewonnene Drittel Saft enthält aufgrund des eingesetzten hohen Drucks auch den Großteil der Tannine, also der Gerbsäuren, die hauptsächlich in den Traubenschalen sitzen. Bei hochwertigen und hochreifen Trauben lohnt es sich, aus diesem Saft einen tanninreichen Wein separat zu keltern, weil es dafür einen wachsenden Markt gibt. Im Normalfall wird dieser Saft jedoch zur Tanninanreicherung dem Primärsaft beigegeben. Man kann so einen (unvollständigen) Barrique-Effekt – als Barrique-Ausbau bezeichnet man die Reifung des Weines in jungen Eichenfässern – andeuten oder – je nach Intention – vortäuschen, man kann aber auch einfach nur den Gesamtgeschmack oder Säuregrad damit regulieren. Auf jeden Fall ist die Mischung von entscheidender Bedeutung für die Qualität und insbesondere den Geschmack des Endprodukts.

¶ Der Rebensaft heißt jetzt Most, und ihn lässt man nun – immer noch unter Verhinderung der Gärung – eine Weile zur Ruhe kommen und sich klären. In der Ruhephase setzen sich viele Schwebstoffe ab, die man im weiteren Prozess der Vinifikation nicht benötigt, und man kann auf sanfte Art noch einmal Zuckergrad und Säuregehalt kontrollieren und eventuell in die gewünschte Richtung korrigieren. Danach erst darf die Gärung beginnen.

¶ Bei der Gärung wird durch die Aktivität des Enzyms der Weinhefe, des Hefepilzes und natürlichen Symbionten – eine Art lebenswichtiger biologischer Lebenspart-

ner – der Traube, der so genannten Enzymase, Zucker in Alkohol und Kohlendioxid umgewandelt. Kohlendioxid ist ein Gas, das sich gern mit anderen Gasen und flüchtigen Inhaltsstoffen verbindet, in den meisten Fällen nicht unbedingt durch chemische Reaktion im Sinne einer echten chemischen Verbindung, sondern durch mechanischen Einschluss oder Anschluss. Es bindet demnach in nicht unerheblichem Maße diverse Inhaltsstoffe des gärenden und frisch vergorenen Mostes, die wichtigen Einfluss auf den Geschmack haben. Insbesondere bei der Weißweinvergärung, die ohne Traubenschale erfolgt, will man folglich das Entweichen des Kohlendioxids verhindern und vergärt ihn deshalb kalt, also bei Temperaturen um die 10 Grad Celsius, oft noch darunter. Durch die so garantierten Geschmackswirkungen der flüchtigen Inhaltsstoffe und das perlende Gas selbst wirken kaltvergorene Weißweine so frisch, ja prickelnd, ohne gleich Frizzante oder Sekt zu sein. So ein Wein muss noch nicht einmal wirklich moussieren und tut dies auch nur bei entsprechend ausgewiesenen Weinen, zum Beispiel dem Oltrepo Pavese aus der Po-ebene um Pavia – es ist nur eine Geschmacksempfindung, die solcherlei Assoziationen aufkommen lässt.

¶ Diese kalt vergorenen Weine sind meist leicht, lebendig und trocken und aufgrund ihres Herstellungsverfahrens erstens relativ einfach in ihrem Aromaangebot und zweitens auch noch geschmacklich sehr ähnlich. Natürlich bieten sie den rebsortentypischen Geschmack, aber eben nicht sonderlich ausgeprägt, sondern eher in Andeutungen. Es sind Weine für jeden Anlass, insbesondere sind sie für eine kühle Erfrischung an warmen Sommerabenden geeignet. Sie sind sicher so makellos und lecker wie der Erzeuger es garantiert, um es einmal sehr einfach auszudrücken, aber sie bieten keinen besonderen Charakter. Diesen bekommen Weine eben nicht durch die Kaltvergärung, sondern nur bei Gärtemperaturen ab 20 Grad Celsius. Solche hochwertigen Weine mit ausgeprägtem Charakter enthalten viel mehr Extraktstoffe, aber auch viel weniger Kohlendioxid samt Anhangstoffen. Doch dieser Ersatz zahlt sich aus – an Stelle eines gefälligen und sicher guten Massenweins bekommt man durch diese Warmgärung kräftige, gehaltvolle und auf jeden Genießer gereift wirkende Produkte, die man kulinarisch und gesellig sehr gezielt einsetzen kann. Das sind einfach keine »Weine für jede Gelegenheit« mehr.

❡ Rotweine werden im Gegensatz zu Weißweinen mit ihren Schalen vergoren. Dies ist noch kein Ausbauverfahren, sondern eine einfache Keltervariante mit allerdings großem Effekt. Wie bei der Weißweinherstellung hängt beim Rotwein alles vom Ausgangsprodukt ab: der reifen Traube. Obwohl beim Rotwein der Zeitpunkt der Lese nicht die gebieterische Bedeutung besitzt wie beim Weißwein, gilt trotzdem: Je später die Trauben gelesen werden, desto reicher wird der resultierende Wein sein – mit mehr Alkohol, Farbe und Tannin, wobei letzteres für den Rotwein geschmacklich von allergrößter Bedeutung ist. Der Tanningehalt eines Weines kann und muss jedoch gewissenhaft kontrolliert werden. Das beginnt unmittelbar nach der Lese bereits beim Einmaischen.

❡ Wie beim Weißwein werden die roten Traubenschalen nur leicht eingerissen, oder man lässt sie durch mechanische Wirkung aufplatzen, damit der Saft herausquellen kann. Das muss auf die schonendste Art und Weise geschehen. Es wurde bereits erwähnt, dass in den Schalen und den weichholzigen Stielen und Stängeln die Tannine angereichert sind. Würde nun die Schale regelrecht zerfetzt, so würde dem Gärprozess, sobald er eingeleitet ist, eine viel größere Angriffsfläche zum Extrahieren dieser besonderen Säuren geboten, da Rotwein ja mit der Schale vergoren wird. Diese Art der Vergärung soll dem Rotwein zwar seine farbliche, geschmackliche und körperliche Charakteristik verleihen, aber roten Tanninwein wollen wir damit nicht erzielen. Wenn der Farb- und Tanningehalt der Trauben einer Regulierung über die Extraktion durch Gärung hinaus bedarf, so kann insbesondere der Tanningehalt dadurch erhöht werden, dass man die Stiele ganz oder teilweise einige Zeit in der Maische belässt. Bei der Farbe verhält es sich allerdings

Eine Form von echtem Wein soll noch genannt werden, die durch bestimmte alte Vorschriften dazu geworden ist. Es ist der Messwein für die katholischen Gottesdienste. Für ihn gilt nämlich, dass es sich bei ihm immer um einen naturreinen Wein ohne fremde Zusätze handeln muss, der höchstens noch mit seinesgleichen verschnitten werden darf. Dahinter steht die Symbolik des vergossenen Blutes Christi, das durch die Reinheit des Weins abgebildet werden soll. Qualitativ hochwertiger Weinbau und Weinausbau standen deshalb in der katholischen Kirche stets in großem Ansehen und waren zugleich Verpflichtung. Dies hat sich schließlich nicht nur in Deutschland in den Richtlinien für den gesamten Weinbau niedergeschlagen. So stützt sich die seit 1976 geltende kirchliche Verordnung ganz auf das bestehende deutsche Weinrecht. Nur Qualitätsweine mit amtlicher Prüfnummer sind als Messwein zugelassen, wobei Prädikatsweine mit natürlichem Alkoholgehalt zu bevorzugen sind. Tafelweine sind grundsätzlich für die Eucharistiefeier nicht zugelassen. In Anbetracht der Forderung nach natürlichen Weinen und deren unveränderter Beschaffenheit und Reinheit ist gerade vom Messweinerzeuger zusätzlich Selbstbeschränkung gefordert, die durch einen Eid gleichsam besiegelt wird.

Früher war Messwein übrigens überwiegend rot, denn das entsprach besser der Blut-Symbolik. Heute wird fast nur noch weißer verwendet. Das hat zwei Gründe: Zum einen gibt es keine Rotweinflecken auf der Altardecke, den Tüchern und dem Ornat. Zum anderen ist dadurch die Zahl der »Blut-Wunder« rapide gesunken: Viele Priester fürchteten nämlich – offenbar zu Recht –, die Wundergläubigkeit des Volkes anzustacheln, wenn ihnen nur einfach der Kelch umfiel.

L'Alicant – der »Alicant«

deshalb ein wenig anders, weil Farbstoffe leichter aus der Schale herausgelöst werden und dies unmittelbar mit Einsetzen der Gärung beginnt, wogegen die Tannine längere Zeit und eine gewisse stärkere Alkoholanreicherung zur Extraktion benötigen. Die Phase der Extraktion von Inhaltsstoffen der Maische bezeichnet man wie beim Weißwein mit dem technischen Ausdruck Mazeration.

❡ Die Dauer der Mazeration hängt vom beabsichtigten Stil des Weines und von den Trauben ab. Es gibt edle Trauben mit ausgewogen feinen, hochwertigen Tanninen und Aromastoffen, die längere Zeit ausgezogen werden dürfen. Gewöhnlichere Trauben hingegen sind hinsichtlich dieser Struktur weniger fein und bieten mehr grobe Bestandteile; bleiben sie länger in der Maische, so wird der Wein hart und bitter im Geschmack. Hier muss der Most nach wenigen Tagen von den Schalen ablaufen, um trinkbare Ergebnisse zu erzielen. Für die edlen roten Trauben wie etwa die besonders bekannten und geschätzten Cabernet, Syrah, Pinot und Nebbiolo gilt, dass bei einem Mostablauf nach etwa vier Tagen junge, geschmeidige Weine entstehen, während tanninreichere und zur Lagerung bestimmte Weine acht bis zwanzig Tage und mehr bei den Schalen bleiben. Nur der Roséwein macht eine komplette Ausnahme: Er bleibt in der Regel nur einen Tag in der Maische und wird dann abgelassen und wie ein Weißwein vergoren.

❡ Nun ist also der erste, ungepresst gekelterte Most aus dem Maischebottich abgelaufen, der Winzer hat den so genannten Vorlaufwein, der fast die gesamten Säuren enthält. In der Maische ist jedoch noch eine beachtliche Menge Most enthalten, die ausgepresst werden muss. Da dies das Ende aller behutsamen Keltermethoden bedeutet, sind die so erhaltenen zehn bis zwanzig Prozent Saft sehr reich an Farbstoffen und Tanninen sowie weiteren Geschmacksstoffen. Diese Intensität verbietet eine separate Vergärung und Vinifikation, erlaubt aber immerhin eine kontrollierte Verbesserung des Vorlaufweins. Dies gilt jedoch nur für die erste und heute in der Regel einzige Pressung. In früheren Zeiten hat man den bei der ersten Pressung wie beim Weißwein erhaltenen so genannten »Presskuchen« für weitere Pressvorgänge passend geschnitten und unter sehr hohem Druck bearbeitet, bis buchstäblich der letzte Tropfen ausgepresst war. Der resultierende Saft hatte mit Wein allerdings nicht mehr viel zu tun; er wurde gerne mit Vorjahresresten verschnitten, die ihn trinkbar machen sollten oder dem Tierfutter beigemischt. Der Presskuchen hingegen wurde gerne als organischer Dünger verwendet, auch und vor allem im Weinberg.

❡ So schließt sich der Kreis der Arbeitsvorgänge zwischen der Lese, dem Keltern und der Arbeit im Weinberg. Wir haben inzwischen den Most in der letzten Gärstufe als Zwischenprodukt zur weiteren Be- und Verarbeitung vor uns. Die folgenden Arbeitsschritte nennt man den Ausbau des Weins. | 🦋

WEINWANDERUNGEN UND WINZERFERIEN / Seit Jahrzehnten wird er immer beliebter, nicht nur bei Familien mit Kindern – der Urlaub auf dem Bauernhof. Markenzeichen einer solchen Feriengestaltung ist das Leben in der und mit der Natur, hochwertige Ernährung aus der Region und direkt vom Hof sowie die gelegentliche Mithilfe bei der bäuerlichen Arbeit. So weit, so gut. Aber haben Sie schon einmal an einen Urlaub beim Winzer gedacht? ¶ Die deutschen Weinbauzentren liegen alle in landschaftlich reizvollen Gegenden und prägen diese zugleich. Oft sind es auch historisch und kulturell berühmte Landstriche mit vielen zusätzlichen Attraktionen. Für den Weinliebhaber jedoch werden andere Dinge im Vordergrund stehen. Immer mehr Winzer bieten das ganze Jahr über Pensions- oder Gästezimmer für jedermann an. Das gibt die Möglichkeit, die Arbeit in Weinberg und Keller in allen ihren Phasen kennen zu lernen, Erzeugnisse des Hauses zu besonderen Preisen zu genießen und sich im abendlichen Hausschoppengespräch zum Hobbywinzer weiterzubilden. ¶ Aber, und das ist wichtig, zur Lesezeit im September und Oktober kann der Winzer trotz Maschineneinsatz für einige Wochen jede zusätzliche Hand gebrauchen, zu vieles muss zur gleichen Zeit getan werden. Das gilt nicht nur für Steillagen, die kein Traktor mehr befährt, aber dort natürlich besonders. Und wenn der zwischendurch immer wieder gut gestärkte Gast-Helfer fünfzehn- bis zwanzigmal den steilen Hang mit leerer Kiepe hoch und mit gefüllter wieder hinabgestiegen ist, wird er den Dämmerschoppen ganz anders genießen und besonders nötig haben – er wird auf neue Art ehren können, was an Arbeit und sorgfältiger Pflege in ihn hineingesteckt wurde. ¶ Das Ganze kann man übrigens auch auf Weinwanderungen von Winzer zu Winzer in einem Gebiet erleben, man muss also nicht drei Wochen an einem Ort verweilen. Letzteres bietet sich am ehesten für Familien mit Kindern an. Nur für Erwachsene eignet sich dagegen das in Südtirol so beliebte Törggelen, das sich nun auch bei deutschen Winzern im Angebot findet. Dabei besucht man zu Fuß von einem Standort aus die Winzer der Region und probiert deren Produkte, nicht nur die frischen und die flüssigen. Wandern und Genuss hat man hier in sehr ausgewogenem Verhältnis.

| Eine alte Kelter | →

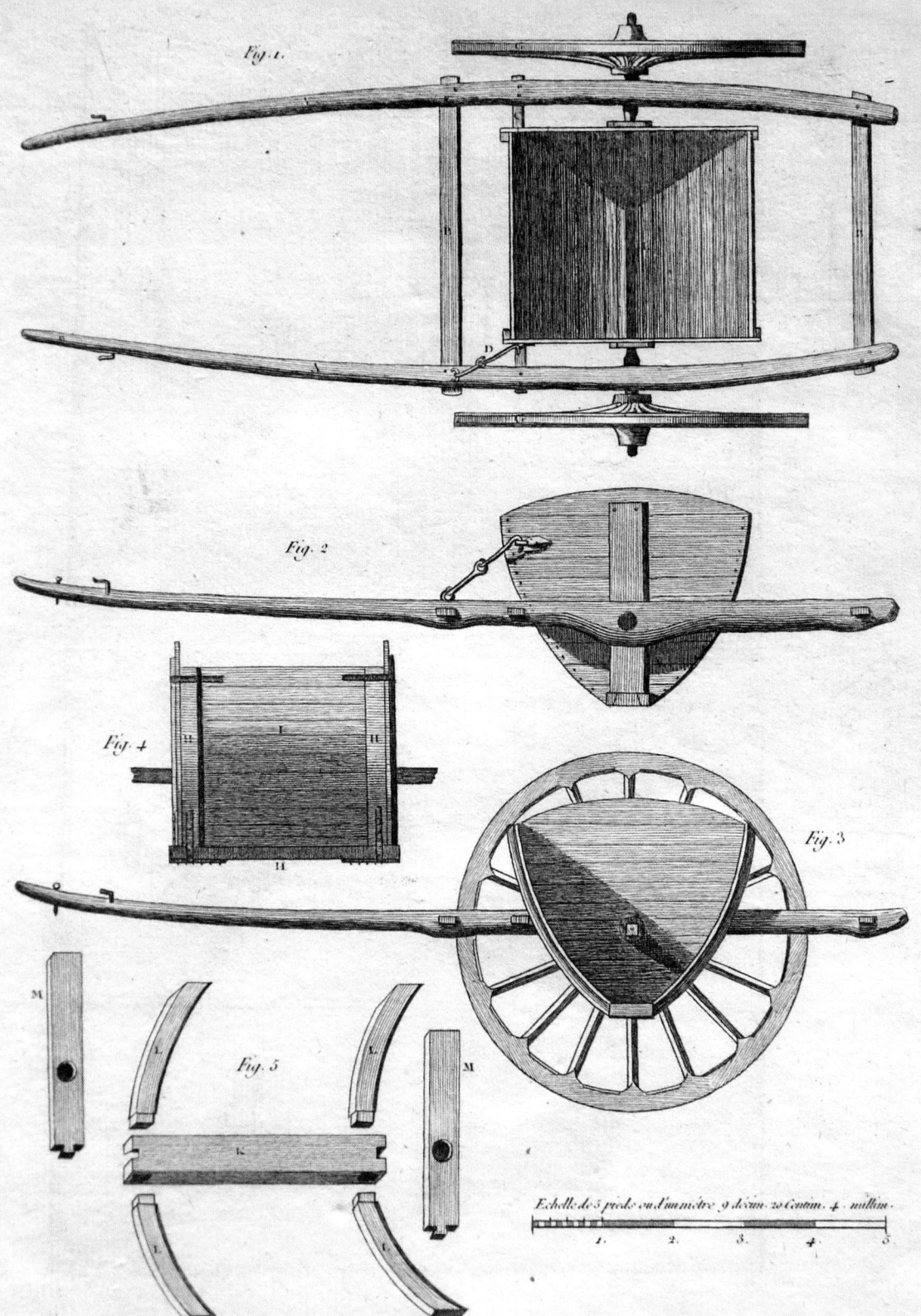

Fig. 1.

Fig. 2

Fig. 4

Fig. 3

Fig. 5

Echelle de 5 pieds ou d'un mètre 9 décim. 29 Centim. 4 millim.

Der Ausbau

༄

DES WEINS

*Im vorausgehenden Kapitel wurde bereits darauf hinge-
wiesen, dass das Keltern der gelesenen Trauben und das
Ausbauen des Mostes zu dem Wein, den der Winzer als
Endprodukt erreichen will, sich in einigen Arbeitsschritten
überschneiden. Mit einem gewissen Recht kann man be-
haupten, dass der Ausbau des Weines bereits mit den unterschiedlichen Verfahren für die Herstellung von weißen
und roten Weinen und ihre farblichen und geschmacklichen
Varianten und Spielarten beginnt. Denn alle weißen
Weine werden ohne, alle roten und rötlichen Weine mit der
Traubenschale vergoren. Die Farbe der Säfte von weißen
und roten Trauben ist immer hell, der Rotwein und der Rosé
erhalten ihre Farbe also ausschließlich aus der den Farb-
stoff tragenden Traubenschale. Da die Farbgebung und die
eventuell notwendig erscheinende Farbkorrektur oder
Farbstabilisierung also von der kürzeren oder längeren Gär-
phase des Mostes zusammen mit der Schale abhängen,
ist hier die Grenze zwischen einer reinen Keltermaßnahme
und einem Ausbauverfahren fließend.*

❧ In diesem Zusammenhang steht ein moderner Trend,
der sich auf alte Traditionen beruft. Eine Variante davon ist zum Beispiel der schon vor einigen Jahren auf
den Markt gebrachte »Rote Gutedel« in Baden. Man
nimmt entweder typische Weißweine, die aber farbige,
vorzugsweise rote Trauben besitzen, und lässt sie
wie Roséwein kurz mit der Schale angären. Oder man
nimmt Rotweine und behandelt sie entsprechend.
Die resultierenden Farben der Weine lassen sich je nach
Traubensorte, Jahrgang und Farbintensität der Trauben
als eher blasses bis gerade gefälliges Rosé bezeichnen.
Beim »Roten Gutedel« wurde der Name jedoch bewusst
gewählt, weil der Gutedel eine sehr alte und viel gelobte rötlich eingefärbte Weißweinsorte ist, die in Vor-
läufervarianten bereits in der Antike – so etwa bei Pli-

nius in Buch 14 seiner Naturgeschichte als eugéneia/ eugenia – bekannt war und besonders geschätzt wurde.

§ Eine andere Variante des Rückgriffs auf traditionelle Anbau- und Keltermethoden ist, dass man die Weinberge nicht in sortenreinen Lagen bepflanzt, sondern in schönem Durcheinander verschiedener Sorten und sogar weißer und roter Weine. Diese Sorten werden auch zusammen gekeltert und vergoren oder wenigstens angegoren, so dass so genannte und sich wachsender Beliebtheit erfreuende »Rotlinge« entstehen. Sie haben das Aussehen klassischer Roséweine und ähneln ihnen auch im Geschmack, besitzen aber je nach Anbaugebiet und eventueller Dominanz einer oder weniger Trauben charakteristische Eigenheiten, die Roséweine nicht aufweisen.

§ Gehen wir über zu den vornehmlich ausbauenden Methoden der Weinherstellung. Deren Anwendung beginnt nun ganz eindeutig in dem Moment, wenn nach der Farb- und Säureregulierung die alkoholische Vergärung des Zuckers durch die Weinhefe in Bahnen gelenkt werden soll oder gar muss.

§ Ähnlich den Fetten und Ölen sind es ja gerade die Alkohole – es kommen natürlich hier nur die für den Menschen ohne negative Folgen genießbaren in Frage –, die als natürliche Geschmackskonservatoren oder Geschmacksverstärker wirken und zum Beispiel beim Kochen, Backen, Braten, ja in der Küche allgemein entsprechend Verwendung finden. So ist auch die alkoholische Vergärung des Zuckers die unabdingbare Voraussetzung dafür, dass aus Traubensaft, jetzt Most genannt, ein alkoholisches Getränk mit charakteristischen Geschmackseigenschaften wird. Der Geschmack der Traube kommt auch beim Essen zur Geltung – und zwar in reiner Form wie sonst nur noch im

Traubensaft. Das, was der Weintrinker so besonders schätzt, macht jedoch erst der Alkohol aus dem Ausgangsprodukt Traube und Traubensaft. Der Alkohol ist Geschmackskonservator dadurch, dass er sämtliche Geschmacksstoffe aus den Säften und der Maische herauszieht und bindet, also im Most und dann im Wein erhält und den Geschmackssinnen zugänglich macht. Zugleich stärkt er diese Elemente und Charakteristika der Weintraubeninhaltsstoffe und ergänzt sie in seiner spezifischen Weise. Wir schmecken deshalb beim Weingenuss nicht den Alkohol an sich, sondern die Kombination aus alkoholisch herausgelösten und dann gebundenen, sehr unterschiedlichen Geschmackselementen aus den Inhaltsstoffen der Weintraube – obwohl in vielen Weinen die Kopfnote, also der erste Geruchseindruck sich als schwere oder wenigstens deutlich bemerkbare Alkoholnote nach dem Entkorken aus der Flasche oder aus dem gerade gefüllten Glas erhebt.

§ Der Alkohol prägt also den Geschmack des Weines, aber selbstverständlich nicht in dem Ausmaß, wie es bei einem Destillat, bei Weinbrand und ähnlichem, der Fall ist. Alkoholgehalte zwischen acht und fünfzehn Prozent werden bei echten Weinen selten unter- bzw. überschritten. Die Kontrolle der Gärung ist also die vordringliche Aufgabe des Winzers. Dass man den Wein nicht sich selbst und der Gärung überlässt, ist im Grunde der ganze Ausbau. Ausbau bedeutet also Kontrolle und steuernde Beeinflussung der Entwicklung des Weins in seiner Reifephase nach der Kelterung im Hinblick auf ein angestrebtes Ergebnis.

DER WEIN UND DER SATAN – EINE JÜDISCHE SAGE / Noah war der erste, der Wein zu pflanzen anfing. Er setzte gerade einen Weinstock in die Erde, da kam Satan und sprach: Was pflanzest du hier? Noah erwiderte: Ich pflanze einen Weinberg. Satan fragte: Was soll dir der Weinberg? Noah antwortete: Süß ist die Frucht des Weinstocks, ob frisch, ob gedörrt, und aus den Beeren wird ein Saft gepresst, der des Menschen Herz erfreut. Satan meinte: So wollen wir beide zusammen an dem Weinberg bauen. Noah sprach: Wohlan! ¶ Da brachte Satan ein Schaf, hernach einen Löwen, dann einen Affen und schließlich ein Schwein und schlachtete sie unter dem Weinstock; und das Blut der Tiere rann in den Weinstock und tränkte ihn. ¶ Damit wollte Satan dem Noah folgendes bedeuten: Ehe der Mensch vom Wein getrunken hat, gleicht er dem unschuldigen Lamm und dem Schaf, das stumm steht vor seinem Scherer; hat er aber zwei Becher getrunken, so wird er wie ein Löwe stark und mutig und spricht von sich: keiner gleicht mir; hat er dann mehr getrunken, wird er trunken, springt und tanzt albern umher wie ein Affe, redet Unflat und weiß nicht, was er tut. Und zuletzt, wenn der Mensch viel des Weines getrunken hat, besudelt er seine Kleider und gleicht einem Schwein, das sich in den Pfützen wälzt. ¶ Dies alles trug sich zu mit Noah, den Gott als einen Gerechten rühmte, um wie viel mehr kann es einem anderen ähnlich ergehen.

¶ Zu den prägenden Eigenschaften eines Weines gehören jene, die auf den Boden, seinen Mineralgehalt und seinen Wasserhaushalt, dann auf die Flora seiner Umgebung und deren Ansprüche sowie die in der unmittelbaren Umgebung ausgeschütteten Aromen und weitere Einflüsse zurückgehen. Um dieses Potential an Geschmacksfülle in den resultierenden Wein hinein- und dort zur Entfaltung zu bringen, brauchen die einzelnen Rebsorten unterschiedliche Zucker- und folglich Alkoholkonzentrationen. Je nach Ertrag und Reifegrad der Trauben in den verschiedenen Jahrgängen muss man gegebenenfalls den gärenden Most nachzuckern, um ein bestimmtes Qualitätsniveau des alkoholischen Auszugs aus den geschmackstragenden Inhaltsstoffen der Traube gewährleisten zu können. Eine Marke kreiert man nicht einfach und platziert sie auf dem Markt, sondern man muss sie pflegen und immer wieder verbessern, um ihr Prestige zu erhalten.

¶ Nun hat aber nicht nur der Zuckergehalt seine Grenzen, auch die Weinhefe kann sich im Gärprozess erschöpfen. Außer dem Nachzuckern kann es also ein Nachhefen mit Edelfäule geben, wie es dann genannt wird. Ziel ist hier, mit natürlichen Ausgangsprodukten zu einem definierten Endprodukt zu gelangen, eine vorgestellte Geschmacks- und Bouquetqualität nämlich, die man seinen Kunden garantiert hat. In sehr zuckerreichen Jahrgängen hingegen kann man die Vergärung durch konkrete, dann allerdings technische Maßnahmen unterbrechen, hemmen oder gar von einem bestimmten Grad der Vergärung an unterdrücken. Dies geschieht in den meisten Fällen durch Kühlung oder seltener durch Hefeabschöpfung aus dem Gärbottich. Nur dadurch ist zu erreichen, dass ein ganz besonderer Wein immer einen bestimmten Alkoholgehalt mit höchstens ganz geringen Schwankungen aufweist und damit einhergehend ganz bestimmte Geschmackseigenschaften garantiert.

¶ Die allgemein gültige und bekannte Bezeichnung der Weine als »trocken«, »halbtrocken« oder »lieblich« bezieht sich auf den Grad der Vergärung des Zuckers; im letzteren Fall spricht man davon, dass der Wein eine gewisse oder dezente Restsüße hat. Es verhält sich nämlich so, dass ein zwecks forcierten Alkoholgehalts nachgezuckerter Wein in keiner Weise süßer wird als es seinem Charakter entspricht, wenn dieser Zucker nur vollständig vergoren wird. Spät gelesene Trauben sind aufgrund des Wasserentzugs und der dadurch gesteigerten Traubensüße schlicht süßer als andere. Trotzdem können sie trocken ausgebaut werden, wenn man die Gärung bis zur vollständigen Zuckerumwandlung im Gange hält.

¶ Restsüße, also unvergorenen Zucker, kann man zur Herstellung lieblicher Weine durch verschiedene Methoden erhalten oder gewinnen. Das Unterbinden des Gärprozesses haben wir bereits erwähnt. Eine andere, in Deutschland entwickelte und wahrhaft universelle Methode ist die Kombination von Trockenvergärung und Zusatz von Süßreserve. Als Süßreserve bezeichnet man unvergorenen, gefilterten Traubenmost, der zur Gärungsverhinderung sehr kalt gelagert wird. Diese Süßreserve, die noch allen Zucker des Primärsaftes enthält, wird dem trockenen Wein direkt vor dem Abzug auf Flaschen zugesetzt. Das Maß des Zusatzes bestimmt den Restsüßegehalt des Endprodukts. Dieses Verfahren ist diffizil und teuer, es lohnt sich daher nur bei Prädikatsweinen. Die noch gärfähige Hefe wird danach durch Filtrieren entfernt und der Wein in die Flaschen abgefüllt.

¶ Die beste Methode zur Gewinnung von charakterlich festem, aromatisch und körperlich ausgeprägtem und damit immer wohlschmeckendem restsüßen Weißwein ist jedoch jene mit Hilfe der Edelfäule. Das ist ebenfalls ein Pilz, aber kein Hefe-, sondern ein Schimmelpilz, der sich insbesondere in einer ausgeprägten

| Ein Barriqefass-Keller |

| Malerischer Blick vom Weinberg |

und lang anhaltenden Kalt-Warm-Reifephase auf den Trauben ansiedelt und dort zu einer sehr hohen Zuckerkonzentration führt. Ihn kann man gezielt und gesteuert ausnutzen. Zwar zieht er aufgrund seiner biologischen Eigenschaften Zucker und vor allem Säure aus der Traube ab, zugleich verringert sich aber der Wassergehalt der Traube so stark, dass schließlich fast alle Säure entwichen und die Zuckerkonzentration sehr hoch ist. Beim Vergären der mit Edelfäule gelesenen Spät-, Aus- und Trockenbeerenauslesen schafft die Weinhefe diesen gewaltigen Zuckergehalt nicht, die Weine sind im Ergebnis natursüß, was mit »lieblich« oder »halbtrocken« eigentlich gemeint. Allerdings sind sie das in bemerkenswertem und geschmacklich beeindruckendem Ausmaß. Sie sind eventuell trocken ausgebaut im Sinne vollständiger Hefeerschöpfung und weisen nur einen Alkoholgehalt von sechs bis zehn Prozent auf. Sie sind daher auf jeden Fall sehr bekömmlich, sollten aber nur in Maßen genossen werden, weil die Geschmacksintensität doch sehr groß ist. Wir sprechen hier von speziellen Dessertweinen, die der Genießer ohnehin nur in buchstäblich homöopathischen Dosen zu sich nimmt.

¶ Der Ausbau der Weine veredelt diese also derart, dass die Qualitäten der jeweiligen Rebe im Endprodukt über die Jahre und Jahrgänge gesichert und garantiert werden können. Zusatz von Zucker oder unvergorenem Most mag zwar dem Puristen bereits nach Panscherei klingen, hat aber nichts mit Verschneidung zweifelhafter Produkte oder – man wird sich des Skandals erinnern – mit dem Zusatz von Glycol zur Süßung zu tun. Qualitätsschöpfung und Qualitätssicherung im Sinne der Pflege eines Markenproduktes und eines Prestiges sind vielmehr etwas, was andere Branchen von den Winzern lernen können: Man preist kein Produkt unter irreführenden oder gar falschen Prämissen an, vielmehr reicht dem Weinkenner die objektive Aufzählung der Eigenschaften eines Weines. Wer sehr trockene Weißweine bevorzugt, wird bei der Angabe »enthält 7 Gramm Restzucker pro Liter« auf einem Etikett diesen Wein nicht wählen. Und darüber hinaus bindet man sich als Winzer strikt an die nachvollziehbaren, wenn auch rigorosen Bestimmungen der Weingesetze.

¶ Eine Eigentümlichkeit tritt mit den verschiedenen Gär- und Auszugsstufen der alkoholischen Gärung auf, die besonders wichtig für den Geschmack der Weine sind. Denn neben der bereits erwähnten Kohlensäure, die durch Lösung des Gärungsproduktes Kohlendioxid im Most entsteht, entwickeln sich im Gärungsprozess noch einige weitere Säuren: die den Weingeschmack insbesondere auszeichnende Weinsäure sowie Apfelsäure und Zitronensäure, die in vielen Früchten und Beeren als natürliche Säuren vorkommen, so auch in der Weintraube. Kohlen-, Apfel- und Zitronensäure kollidieren mit den Tanninen, so dass man sie mit einem speziellen Prozess aus allen tanninreichen Weinen, also hauptsächlich den Rotweinen und den für längere Lagerung vorgesehenen Weißweinen herauszieht. In der so genannten malolaktischen Gärung wird die Apfelsäure vollständig umgewandelt. Die Kohlen- und die Zitronensäure hingegen verschwinden während eines längeren Gärvorganges von selbst wieder. Junge und spritzige Weine, die zum baldigen Genuss gedacht sind, auch entsprechende Rotweine, brauchen diese beiden Säuren neben der Kohlensäure, weil sie den Charakter der Frische hauptsächlich verantworten. Deswegen wird manchen Weinen vor der Abfüllung in Flaschen wieder etwas Zitronensäure zuge-

← | Die Pfalz ist das zweitgrößte deutsche Flächenanbaugebiet und wird in seinen fruchtbaren Gebieten durch ausgeprägten Anbau markanter Weine dominiert, die schon immer den Reichtum des Landes ausmachten. |

setzt, um ihnen eine gewisse Frische und Fruchtigkeit zu verleihen.

❡ Um die erwünschte Geschmackswirkung der Tannine zu erzielen, muss insbesondere die dem entgegen wirkende Apfelsäure dem Wein entzogen werden. Nach Abschluss der alkoholischen Gärung erreicht man dies durch eine bakterielle zweite, eben die malolaktische Gärung, während der Apfelsäure in Milchsäure umgewandelt wird. Die resultierende Milchsäure verhält sich viel weniger aggressiv gegenüber den Tanninen und kann im Wein bleiben. Auf diese Weise schafft man es, eine je nach Weinsorte gewünschte Ausgewogenheit zwischen Säure und Tanningehalt herbeizuführen. Schließlich ist die Säure das charakterliche Rückgrat jedes Weines, während das Tannin eine wünschenswerte Geschmackskomponente ist.

❡ Als letzte Ausbaumaßnahme soll nun noch die Lagerung und hier besonders die so genannte Fasslagerung beschrieben werden. Zunächst muss jedoch deutlich gesagt werden, dass Mazeration, Angärung und Ausgärung des Mostes in meist sehr großen, offenen Edelstahlbottichen und hermetisch abschließbaren Edelstahltanks durchgeführt wird. Diese Bottiche und Tanks sind durch eine Fülle von Leitungen und Messgeräten an weitere Geräte angeschlossen, die je nachdem für Kühlung oder Wärmezufuhr, Druckzufuhr und Druckausgleich, die Einfüllung von Zusätzen und die Oberflächenversiegelung durch Edelgas zur Verhinderung der Oxidation des Mostes oder Weins an seiner Oberfläche sorgen, während Mazeration und Angärung wegen der Gasentwicklung und anderer Faktoren im offenen Gefäß geschehen.

❡ Nach Fertigstellung des Standardproduktes Wein im Edelstahltank kann im Grunde abgefüllt werden, die Qualitätsweinstufe ist auf jeden Fall erreicht und ein hochwertiges, kontrolliertes Ergebnis mit garantierten Eigenschaften erzielt worden. Der Winzer kann je nach Weinart und angestrebter Ausbaustufe aber noch weiter veredeln, indem er Geschmackskomponenten dazugibt oder sich organisch entwickeln lässt. Spät-, Aus- und Trockenbeerenauslesen sowie Eiswein sind davon nicht oder nicht unbedingt betroffen, sie werden ja nie in solchen Massen erzeugt wie die anderen Qualitätsstufen und sie gären und reifen in kleineren Gefäßen.

❡ Lässt man roten oder weißen Wein in neuen oder erst ein oder zwei Jahre benutzten Eichenfässern lagern und altern – auch wenn es sich nur um mehrere Tage oder wenige Wochen handeln sollte –, so wirkt sich das ganz erheblich auf das Bouquet und den Geschmack, ja den gesamten Weincharakter aus. Denn im Eichenholz sitzen

sowohl Gerbsäuren, die bereits mehrfach erwähnten Tannine, als auch eine gewisse Konzentration an Vanillin. Beide Stoffe, wenn sie von außen zugesetzt werden, wie es ja geschieht, wenn der Alkohol im Wein das Eichenholz angreift und dessen Inhaltsstoffe auszieht, erzeugen auf längere Sicht durch Reaktionen mit dem Wein ihrerseits eine Fülle von weiteren würzigen und wohlriechenden Charakternoten. Seinen Erfahrungswerten folgend und den Grundcharakter seiner Weine berücksichtigend, bemisst der Winzer die Lagerzeit im Eichenfass sehr genau, damit die neuen Aromen nicht überhand nehmen – das könnte dem Wein schlecht bekommen. Außerdem reifen lagerfähige Weine ja bekanntlich in der Flasche noch längere Zeit nach.

¶ Bei der Fertigung der Eichenfässer werden die Fassdauben, also die Bretter, aus denen das Fass besteht, über Feuer geschmeidig gemacht und dann in Form gebracht. Das Feuer lässt die Dauben leicht verkohlen. Daher rührt das von einigen Weinen her bekannte Raucharoma, das sich aber relativ schwach im Wein entwickelt, so dass es nur als eine Geschmacks- und Bouquetnuance zu erkennen ist. Einige Rotweine gewinnen jedoch durchaus dadurch, dass sie dieses Aroma in etwas ausgeprägterem Maße aufweisen. Seit man dies erkannt hat, und auch, seit es eine Nachfrage nach so genannten »getoasteten« Weißweinen gibt – sie weisen einen Charakter wie frisch getoastetes Brot auf –, lässt man bei der Fertigung von für die Lagerung solcher Weine vorgesehenen Eichenfässern absichtlich die Dauben etwas stärker verkohlen. Der Effekt soll nicht nur geschmacklich deutlich spürbar sein, er soll die Weine auch länger haltbar machen.

¶ Grundsätzlich hat sich für diese Lagerungs- und Alterungsmethode der Begriff »Barrique-Ausbau« eingebürgert, was heute allgemein für Eichenfasszwischenlagerung steht. Mit Barrique meint man im Französischen jedoch allgemein ein Fass, und im Bordeaux benannte man die Eichenfässer von 200 bis 250 Litern Fassungsvermögen so, die schon seit Jahrhunderten für die Lagerung und den Transport von Exportweinen benutzt wurden. | 🦋

BURGUNDER-HERINGE

Zutaten: 8 Matjesfilets, 1/4 l roten Burgunder, 1/8 l Weinessig, 50 g Kandiszucker, 3 Zwiebeln, 8 Gewürznelken, 3 Lorbeerblätter, Salz, 1 Zitrone, Dill

Zubereitung: Den Wein mit Essig, Zucker, Zwiebelringen, Nelken, Lorbeer und Salz aufkochen, dann etwas abkühlen lassen. Die vorher gewässerten und abgetropften Matjesfilets aufrollen, mit Holzstäbchen zusammenstecken und mit dem Weinsud übergießen. Dann 24 Stunden ziehen lassen. Vor dem Servieren mit Zitronenscheiben und Dill garnieren.

Tipp: Je nach Größe der Filets ergibt dies – mit frischen Kartoffeln angerichtet – einen Hauptgang für zwei bis drei Personen, als Getränk nimmt man dazu denselben Burgunder wie für die Marinade. Mit frischem Bauernbrot auch ein beliebter Partysnack, wenn man die Nelken und den Lorbeer vor dem Garnieren entfernt. Wenn nur eingelegte Matjes- oder Heringsfilets zur Verfügung stehen, diese vorher länger wässern und mehr Burgunder nehmen, denn die Heringsrollen sollten sich im Mariniergefäß nicht berühren.

FORELLEN IN ROTWEIN

Zutaten: Forellen, ausreichend Rotwein, Nelken, Muskatnuss, Lorbeerblätter, Salz

Zubereitung: Man nimmt so viel Rotwein, dass die Forellen vollständig bedeckt sind, und kocht ihn mit Nelken, Muskat, Lorbeer und Salz auf. Dann legt man die Forellen hinein und lässt sie garen. Angerichtet wird auf großen tiefen Tellern, in die die Forellen gelegt und mit dem Rotweinsud übergossen werden.

Tipp: Auch hierzu reicht man frische Kartoffeln oder Bauernbrot. Den Sud kann man für ein Hauptgericht zu einer Soße binden und reduzieren, man kann eventuelle Reste aber auch unverdünnt als Fond benutzen.

Die Verbreitung

~

DES WEINS

Dem Wachstum und Anbau des Weins sind Grenzen gesetzt. Diese sind teils natürlicher Art, teils aber auch vom Menschen errichtet.

❡ Die Verbreitung der Weinpflanze nach dem Ende der letzten Eiszeit ging, wie bereits im Kapitel zur Weinrebe erwähnt, von der europäischen Wildform im Gebiet um das Schwarze und Kaspische Meer aus. Sie wanderte dann durch Kaukasien nach Anatolien, das östliche Kleinasien der Antike, wo die Kultivierung zur Keltertraube bereits sehr früh gelang. Der Weg des Weines als Kulturpflanze ging dann relativ rasch nach Süden und Westen, darauf deuten auf die Weinherstellung bezogene Kulturfunde aus der Zeit seit dem dritten Jahrtausend vor unserer Zeit im ganzen Vorderen Orient, in Nordafrika und im Balkanraum hin. Im Griechenland der mykenischen Zeit, also seit etwa 1580 vor unserer Zeit, war der Wein jedenfalls bereits bekannt.

❡ Nach Italien und damit in den westlichen Mittelmeerraum kam die Weinrebe bereits durch die frühe griechische Kolonisation Siziliens und Süditaliens. Ob eventuell die Etrusker, die man ja heute gerne als Südkelten bezeichnet, die Rebe bereits vor den Griechen ins nördlichere Italien brachten, ob dies gleichzeitig geschah oder später, wird unter Fachleuten diskutiert. Der Hinweis auf die Zugehörigkeit zur Völkergruppe der Kelten könnte dieser Annahme Sinn verleihen, insbesondere dadurch, dass Kelten alsbald den Donauraum besiedelten und somit bereits sehr früh mit dem Weinzentrum des Schwarzmeergebiets in Berührung gekommen sein können. Aber mehr als ernsthafte Spekulationen dazu gibt es bisher nicht.

❡ Die Griechen besiedelten jedoch nicht nur Italien, sondern auch Südspanien und die Balearen, die südfranzösische Küste mit dem Schwerpunkt auf dem Handelszentrum Massilia in der Rhonemündung, einer Vorläufersiedlung des heutigen Marseille, sowie höchstwahrscheinlich Teile Nordafrikas. So schloss sich der Ausbreitungskreis um das gesamte Mittelmeer. Die Römer schließlich übernahmen den Wein von Etruskern und Griechen und verbreiteten ihn in alle Teile ihres späteren Weltreichs, die den Weinbau begünstigten. Auf diese Weise gelangte der Wein nach Gallien, Britannien und Germanien. Viele klassische Autoren beschreiben in der Folge, wie erfolgreich sich der Wein außerhalb Italiens anließ und wie der Weinbau im Heimatland daraufhin degenerierte, so dass wirklich guter Wein aus den gallischen, iberischen und sogar germanischen Provinzen importiert werden musste. Zugleich beklagen andere Autoren, dass der Weinbau in Italien derart überhand genommen habe, dass er den Getreideanbau stark zurückdränge und Rom in große und ungewollte Abhängigkeit von Getreideimporten bringe. Die Preise für Wein seien parallel dazu in Italien dermaßen gefallen, dass alle Welt nur noch unverdünnten und zum Teil sehr schlechten Wein trinke, und man sich dafür sauberes Trinkwasser, vorallem in den Städten, kaum mehr leisten könne.

¶ Wie immer man solche zum Teil ausgesprochen subjektiven und von durchaus umstritten Charakteren verfassten Berichte beurteilen mag, sie dokumentieren auf jeden Fall die Erfolgsgeschichte des Weins im nördlichen Europa und führen uns zur heute noch gültigen Grenze des Weinanbaus in der nördlichen Hemisphäre. Diese Grenze geht also nicht auf menschliche Einflüsse zurück, der Mensch mit seinen Kultivierungsanstrengungen hat sie jedoch entdecken, ausloten und anerkennen müssen. So verläuft die Polargrenze auf Europas Festland grob von der Loiremündung in Nordfrankreich

bei 47 Grad nördlicher Breite nordöstlich weiter über die Grünberger Zone bei 52,25 Grad und ab dort südöstlich bis Astrachan. Die Stadt Grünberg im nordwestlichen Schlesien (heute Zielona Góra) war bekannt für ihre Verschnittweine, die oft für die Herstellung von Schaumwein und Kognak verwendet wurden. Astrachan im südöstlichen Russland liegt etwa 100 Kilometer flussaufwärts vor der Mündung der Wolga ins Kaspische Meer bei 46 Grad nördlicher Breite und ist unter anderem für seine Weintrauben bekannt.

¶ Auf den Britischen Inseln gibt es dank des Golfstromeinflusses eine separat zu betrachtende Linie, die zwischen dem 51. und 52. Breitengrad Südwales streift und durch Südengland verläuft. In Süd- und sogar Mittelengland ist bis vor gut 450 Jahren aufgrund eines wärmeren Klimas Wein mit gutem Ergebnis angebaut worden, sogar ununterbrochen seit der Römerzeit. Danach ging die jährliche Durchschnittstemperatur zwar insgesamt nur geringfügig zurück, aber der Wein wurde trotzdem ungenießbar. Seit dem Ende des Zweiten Weltkriegs hat es immer wieder Versuche gegeben, den Wiederanstieg der Temperatur für den Weinbau zu nutzen, aber erst seit wenigen Jahren scheinen diese Versuche vor allem in Kent, Wiltshire, Hampshire und Somerset Erfolg zu versprechen. Diese Entwicklung gilt es abzuwarten.

¶ Die südliche Anbaugrenze lässt sich schwieriger bestimmen. In Nordafrika soll sie südlich des Atlasgebirges an der Nordgrenze zum Saharagebiet liegen, in Ägypten zieht sich das potentielle Anbaugebiet weit den Nil hinauf. Zwischen diesen ungefähren Grenzlinien nach angenäherten Breitengraden verläuft sowohl auf der nördlichen wie auf der südlichen Hemisphäre der so genannte Weingürtel um die ganze Erde, innerhalb dessen Wein mit einem gut trinkbaren Endprodukt

angebaut werden kann; die heißen Zonen fallen vollständig heraus. Die Kolonialreiche früherer Jahrhunderte haben deshalb mit Erfolg versucht, in all diesen Gebieten auch Wein anzubauen. Auf diese Weise brachten ihn die Spanier ab 1493 nach Mittel- und Südamerika, die Portugiesen nach Brasilien, die Engländer nach Australien und Neuseeland sowie Südafrika. Andere seefahrende und Handel treibende Nationen trugen ihren Teil zur Verbreitung bei. Und schließlich kam mit den Pilgervätern der Wein auch nach Nordamerika in die neuenglischen Kolonien und verbreitete sich von dort aus in den Westen der späteren Vereinigten Staaten. Die Polargrenze verläuft in Nordamerika etwa von British Columbia bis New Hampshire. In Kalifornien wird unter idealen Bedingungen Wein an- und ausgebaut, der seit einigen Jahrzehnten den europäischen Klassikern sogar den Rang streitig machen kann. Aber damit berühren wir wieder die Prestige- und Geschmacksfrage.

¶ Doch zurück zum ursprünglichen europäischen Verbreitungsgebiet. Als Archäologen im Jahre 1969 südlich von Damaskus in Syrien eine Fruchtpresse mitsamt er

haltenen Frucht- und eben auch Traubenresten entdeckten und deren Alter mit guten Gründen auf 8000 Jahre schätzten, wurde etwas Licht ins Dunkel der Weinkulturgeschichte gebracht. Denn man presst sinnvollerweise keinen Traubensaft, den man nicht hinterher vergären will. Es gibt sogar noch ältere Siedlungen und Hinweise auf sehr alte Weinkulturen. Der Stadt Jericho etwa im Jordantal wird ein Alter von 10.000 Jahren zugeschrieben. Etwa 7000 Jahre vor unserer Zeit besaß sie bereits Mauern und Türme sowie eine Stadtzivilisation. Und man weiß, dass ganz Palästina ein sehr frühes Weinland war. Es sind Kelter und Pressen an sehr vielen Orten und aus allen historischen Epochen gefunden worden; der Fundort des steinzeitlichen Jericho gehört dazu.

¶ So erstaunt es einerseits nicht, dass der genaue Zeitpunkt der ersten Weinverkelterungen niemals mit Sicherheit zu bestimmen sein wird, andererseits ist es aber ebenso wenig verwunderlich, dass alle antiken Hochkulturen den Wein bereits lange kannten und ihn nicht erst hervorgebracht haben. In Assyrien, Babylonien, Mesopotamien, Palästina, Ägypten – überall war bereits im 4. Jahrtausend vor unserer Zeit der Wein nicht nur verbreitet, sondern teilweise sogar ein Volksgetränk. Mit einer gewissen Berechtigung kann man also sagen, dass der Wein ein Begleiter der menschlichen Kultur in Vorderasien und Europa seit der Steinzeit und der letzten Eiszeit ist.

¶ Für Ägypten ist ein genaues Datum festzulegen, denn dort kann man den Weinbau seit Beginn der zweiten Dynastie 2850 vor unserer Zeit mit Funden und sogar schriftlichen Zeugnissen nachweisen. Im Grab des Menes, des Begründers der ersten Dynastie, wurden allerdings bereits Traubenreste aus der Zeit vor 3000 vor unserer Zeit gefunden. Im Alten Reich war der Wein wahrscheinlich noch kein Volksgetränk, sondern der Oberschicht vorbehalten; das Volk trank Bier, das eine ebenso lange Geschichte aufweist wie der Wein. Das änderte sich später. Aber dies soll nur ein Indiz mehr dafür sein, dass man die Kenntnis des Weins als sehr weit zurückreichend ansehen muss. Nicht genug damit, erfanden die Ägypter wahrscheinlich auch die Auszeichnung des Weines nach Qualitätsstufen und Herkunft, ebenso die geschützte Lagerung des Weins in mit Pech verschlossenen und versiegelten Tongefäßen an kühlen Orten wie günstig gelegenen Gruben oder Felsenhöhlen. Auch Weinordnungen führten sie ein. Das bevorzugte Anbaugebiet war durch alle Dynastien hindurch bis in die römische Epoche hinein das Nildelta; weniger ausgeprägt war der Weinbau im mittleren Nilverlauf.

¶ Zwischen Griechen und Ägyptern gibt es übrigens einen alten Streit. Einerseits wird behauptet, die Ägypter hätten den Wein zu den Griechen gebracht, wofür es jedoch keinerlei Anhaltspunkte gibt. Ein anderes Lager gibt vor, die Griechen hätten Ägypten den Wein gebracht. Das ist wohl ebenso falsch. Gewisse Parallelentwicklungen hat es aber schon gegeben. Versiegelung, Auszeichnung und Ordnung des Weins waren in beiden Ländern gleich, wenn auch Ägypten früher damit begann. Der Hauptunterschied lag darin, dass der ägyptische Wein nach allen antiken Zeugnissen in der frühen Zeit bereits auf hohem Niveau stand, wogegen der griechische wohl nur schlecht vergoren wurde und viele Probleme verursachte, die seinen Genuss und seine Aufbewahrung und Lagerung betrafen. Nur in Griechenland als einer sehr alten Kulturnation setzte man dem Wein Meerwasser, Kräuter, Honig und Gewürze oder Pech sowie weitere Mittel zu, um ihn sowohl bekömmlich als auch lagerfähig zu machen. Bis heute hat sich die Ausbauform des Harzens im Retsina erhalten, der jedoch insgesamt bekömmlich ist, sofern man ihn mag und verträgt.

| Weinhandlungen bieten eine Vielfalt von Weinen aus verschiedensten Herkunftsgebieten. |

❡ Unabhängig davon entwickelte sich im Schoße dieser alten Hochkulturen eine Seitenlinie, die in ganz wesentlichen Punkten diesen selbstbewusst entgegentrat und sich allen historischen Fährnissen und Widrigkeiten zum Trotz durchsetzen und bis heute erhalten konnte. Es war das Judentum, ursprünglich die Stämme Israels, die sich als ein Volk auf einen Stammvater beriefen, sich aber lange Zeit nicht zusammenschließen wollten. Was sie schließlich einte und sogar zu einer Nation werden ließ, war der Hauptstreitpunkt mit den Nachbarn: ihre monotheistische Religion. Der Glaube an nur einen einzigen, aber dafür allmächtigen Gott war zwar nicht ganz neu – der als »Ketzerkönig« verschriene ägyptische Pharao Echnaton (eigentlich Amenophis IV.) versuchte zu Beginn des Neuen Reiches eine entsprechende theologische Revolution, konnte sich aber zunächst nicht durchsetzen. Die Annahme nur eines Gottes bedeutete ja nicht nur eine große Abstraktionsleistung, sondern auch eine gesellschaftliche Entmachtung des Teils der Priester- und damit Herrschaftskaste, der den anderen Göttern diente. Die totale Abkehr von allem Ur- und Naturgötterglauben gelang erst den jüdischen Religionsstiftern – ihr Gott Jahwe duldete keine anderen Götter neben sich. Damit brachten sie alle polytheistischen Religionen und deren Staatsherrscher gegen sich auf, denn deren religiöse Legitimation geriet dadurch ins Wanken.

❡ Dieser Gott Jahwe, der ein rachsüchtiger und eifersüchtiger Gott war, versprach seinen Anhängern zugleich viel Gutes und hielt es auch ein: Das Volk Israel wurde ins gelobte Land geführt, in dem Milch und Honig flossen und Granatäpfel und Feigen wuchsen. Und Wein! Im heiligen Buch der Juden, noch heute auf Thorarollen verewigt, werden die Stammväter des Volkes und der Religion aufgezählt mit ihren Taten, Vergehen und ihrer Gottesfurcht. Alle tranken bei vielen Gelegenheiten Wein, denn »er erfreut des Menschen Herz« (Psalm 104), und waren meist auch Besitzer von Weingärten. Aber Wein gehörte ursprünglich nicht zum jüdischen Kultus, er blieb für Jahrtausende ein Alltagsgetränk. Sein übermäßiger Genuss wurde zwar im Arbeitsalltag abgelehnt, aber bei Festen, von denen recht viele gefeiert wurden im Jahreszyklus, und zu den meisten gesellschaftlichen Feiern wurde ausdrücklich zum Trinken und zur Trunkenheit aufgefordert. Die jüdische Religion predigt nicht den Wein, in ihre Entstehung wirkten jedoch die vorhandenen botanischen Gegebenheiten Palästinas und die Herkunft und Lebensform ihrer Stifter hinein. Wein war in keiner Weise verboten.

❡ Die Geschichte des Volkes Israel war fortan eine Geschichte der Kriege, der Selbstbehauptung und der Niederlagen, ja der jahrzehntelangen Sklaverei zum Beispiel in Babylonien und Ägypten. In den Zeiten der römischen Herrschaft trat dann ein neuer Religionsstifter auf, den viele für den Messias, den Retter der Juden aus Unterdrückung und Knechtschaft hielten, den aber die Juden nicht anerkannten: Jesus von Nazareth. In den Zeiten einer der schwersten Krisen des jüdischen Volkes predigte er eine Religion des Sanftmuts, der Gerechtigkeit, des Friedens und der Liebe und vollzog eine Abkehr vom Gottesbild des alten Testaments. Gleichwohl war auch er ein Sohn seines Volkes und seiner Zeit. Im Neuen Testament ist an unzähligen Stellen die Rede vom Wein, es geschehen sogar Wunder wie die Verwandlung von Wasser in Wein auf der Hochzeit zu Kana. Jesus trank kräftig mit, Wein begleitete die Mahlzeiten und insbesondere das Abendmahl.

← | Das Weinbaugebiet Hessische Bergstraße ist touristisch stark erschlossen, steht es doch in – wenn auch sagenhafter – Verbindung mit dem Geschichtenkreis um die Nibelungen. |

¶ Hier geschieht nun etwas theologisch Entscheidendes. Denn Jesus spricht zu seinen Jüngern, während er das Brot brach und verteilte: »Nehmt hin, dies ist mein Leib«, und als er den Wein ausschenkte: »Trinkt, dies ist das Blut, das für Euch vergossen wird.« Durch diese doppelte Ehrung von Wein und Brot – als übliche Nahrungsmittel und als rituelle Gabe – bekommt der Wein im Christentum einen hohen Stellenwert. Er dient damit einerseits dem alltäglichen Genuss, der zur Stärkung, zur Kräftigung der Gesundheit und zur Erheiterung des Gemüts beitragen soll und ausdrücklich erlaubt ist. Andererseits spielt er im christlichen Ritus die Rolle des Symbols für den Opfertod Jesu. Hier zeigt sich für den modernen Menschen und Weinfreund eine vernünftige Haltung des Christentums zur Lebenswelt, eine gewisse freisinnige Weltoffenheit, welche die überbrachten kulturellen Bedürfnisse und Gewohnheiten der Menschen nicht nur abstrakt achtet, sondern ausdrücklich in Alltagsleben und Feiertagsritus einbezieht.

| Blick in einen Weinkeller mit Fasslagerung |

¶ Wie Judentum und Christentum ist auch der Islam eine Offenbarungsreligion, will also unmittelbar das Wort Gottes wiedergeben, wie es der Prophet Mohammed im 7. nachchristlichen Jahrhundert von seinem, im Koran Allah geheißenen Gott erfahren hat. Wenn nun also aus gewissen kulturellen und historischen Traditionen heraus die Verfasser des Alten und Neuen Testaments nichts gegen den Wein und seinen Genuss sagen, sondern nur den Missbrauch anklagen, worin kein Widerspruch zu erkennen ist, so entwickelt Mohammed ein ambivalentes Verhältnis zum Wein.

¶ In den vier Suren des Korans, die den Alkohol – besser den Genuss von aus Obst, Trauben oder Getreide vergorenen Getränken – ansprechen, werden diese Getränke zunächst als bekömmlich und heilend bezeichnet (Sure 16,69), verboten wird den Gläubigen nur, betrunken zum Gebet zu erscheinen (Sure 4,43). In Sure 2,219 heißt es dann jedoch, dass Wein sowohl nutzen als auch schaden könne, dass jedoch der Schaden überwiege, so dass der Wein schließlich als Werk des Satans angesprochen wird, der damit die Gläubigen von ihren religiösen Pflichten ablenken und dadurch in die Verdammnis führen will (Sure 5,90).

¶ Die sich in der Auslegungstradition bald durchsetzenden Rechtsschulen der sunnitischen und der schiitischen Richtung verboten den Gläubigen bei Strafe dann aufgrund vieler Überlieferungen den Genuss von und Handel mit alkoholischen Getränken. Der Handel des immerhin als wichtig anerkannten Wirtschaftsfaktors Dattel- und Traubenwein – und der anderen Getränke wie Bier – wurde daraufhin in die Hände von Juden sowie Christen verschiedener Glaubensrichtungen gegeben. Dass diese auch moslemische Herrscherhäuser belieferten, ist bekannt. Historische und literarische Dokumente belegen und preisen den Wein als wichtigen Bestandteil der rauschenden Feste und Feierlichkeiten an zahlreichen Höfen islamischer Fürsten. Das wäre heute nicht mehr so einfach möglich, denn eine wachsende Zahl von islamischen Staaten, die eine Rückkehr zu einem ursprünglichen Islam anstreben, verbieten Alkoholkonsum, -herstellung und -handel rigoros, wobei die Herrschenden mit gutem Beispiel vorangehen. In sich moderner gebenden Staaten wird der Alkoholkonsum unterschiedlich strengen Beschränkungen unterworfen, also eher reguliert als verboten. Fundamentalisten in allen vorwiegend islamischen Staaten kämpfen für ein allgemeines Verbot des Alkohols in der gesamten islamischen Welt.

¶ So ergab sich, dass der Mensch auch in Weltgegenden, die dem Weinbau äußerst zuträglich sind und historisch als Wiege des Weines gelten können, diesen als Keltertraube nicht anbauten; Tafeltrauben sind selbstverständlich nach wie vor ein beliebtes Obst, und die Sultaninen genannten Trockenbeeren oder Rosinen heißen noch heute so, weil sie aus islamischen Staaten stammen. Hier haben wir es also mit einer von Menschen gezogenen Grenze des Weinbaus zu tun. | 🦋

| Le muscat violet – der violette Muskateller |

REBSORTEN VON A BIS Z / Die deutsche Rebsortenvielfalt reicht von »A wie Acolon« bis »Z wie Zweigeltrebe«. Fast 140 Sorten werden angepflanzt, große Marktbedeutung besitzen jedoch nur zwei Dutzend, allen voran Riesling und Müller-Thurgau, auch Rivaner genannt. Auf diese entfallen ein gutes Drittel der rund 100.000 Hektar Rebfläche. Nun erstreckt sich das Weinbauland Deutschland, das zu 65 Prozent Weißwein erzeugt, von der Elbe bis zum Bodensee. Aufgrund unterschiedlicher klimatischer Gegebenheiten sind nicht alle Rebsorten in allen Anbaugebieten gleich stark vertreten, es gibt zum Beispiel reine Weißweingebiete wie an Mosel, Saar und Ruwer. ¶ In den nördlicheren Gebieten steht der Riesling im Vordergrund. Der Rheingau hat einen Rieslinganteil von mehr als fünfundsiebzig Prozent, das Anbaugebiet Mosel-Saar-Ruwer von mehr als fünfzig Prozent. In Württemberg, in der Pfalz und an der Nahe erreicht der Riesling etwa zwanzig Prozent Anteil an der Rebfläche. Als gemessen an der Anbaufläche wichtigste Rebsorte gilt der Müller-Thurgau in Franken, Rheinhessen, an Saale-Unstrut und in Sachsen. Der Silvaner hat traditionell eine überdurchschnittliche Bedeutung in Rheinhessen und Franken. ¶ Die weißen Rebsorten nach ihrem Marktanteil: Riesling – Müller-Thurgau/Rivaner – Silvaner – Kerner – Grauburgunder/Ruländer – Weißburgunder – Bacchus – Scheurebe – Gutedel – Faberrebe – Huxelrebe – Ortega – Gewürztraminer – Chardonnay – Elbling.

| Riesling |

| Müller-Thurgau |

| Kerner |

Die Weine in der EU sind in die Kategorien Tafelwein und Landwein sowie Qualitätswein bestimmter Anbaugebiete (QbA) eingeteilt.
Die deutsche Gesetzgebung bildet bei letzteren folgende Untergruppen: I) Qualitätswein, 2) Riesling Hochgewächs, 3) Riesling
Classic, 4) Qualitätswein mit Prädikat und 5) Riesling Selection.
Da der Riesling die meistangebaute Traube in Deutschland ist und
große Qualitätsunterschiede aufweist, gibt es für ihn die drei genannten Gruppen.
Alle Qualitätsweine bestimmter Anbaugebiete sind einer obligato-
rischen amtlichen Qualitätsprüfung unterzogen und dürfen erst
nach Zuerkennung der Kennzeichnung »Qualitätswein« bzw. »Qualitätswein mit Prädikat« und Zuteilung der amtlichen Prüfnummer
(AP-Nr.) in den Verkehr gebracht werden. Qualitätswein bestimmter
Anbaugebiete (QbA) bedeutet, dass es sich um einen Wein aus
garantiert nur einem der vierzehn deutschen Anbaugebiete handelt.

Wein

∽

UND GENUSS

Fig. II.

Genuss ist zunächst immer Konsum, und Konsum ist kaufkraftabhängig. Wenn man etwas genießen will, muss man es erst erwerben. Heutzutage decken bereits die Supermarktangebote nahezu sämtliche Konsumwünsche und -möglichkeiten durch ihre Produktauswahl und ihre Preisgestaltung ab. Dies gilt selbst für Wein. Wirklichen Genuss können aber auch sie nur im deutlich angehobenen Preissegment bieten, und selbst dies nur mit Einschränkungen. Denn wegen des schnellen Warendurchlaufs können sie den Wein nicht ordnungsgemäß lagern und zur Ruhe kommen lassen. Im Großen und Ganzen muss man jedoch zugestehen, dass die dominierenden Supermarktketten trotz dieser Einschränkung alle Qualitätsstufen des Weins in zu erwartender Genießbarkeit anbieten und sogar zu erstaunlichen Preisen. Und durch die Weite ihres Angebots tragen sie nicht unerheblich dazu bei, den Wein als Genussmittel aus seiner elitären »Oberschichtgebundenheit« herauszulösen und einem breiteren Publikum näher zu bringen.

❡ Um aber wirklich guten und gut gelagerten Wein zu bekommen, sollte man ein Fachgeschäft aufsuchen. Diese Weinhändler offerieren ebenfalls ein Segment für den schnellen Durchlauf, meistens im Bereich besonders beliebter Weine oder der so genannten Partyweine einschließlich Prosecco und Sekt. Doch sie verfügen eben auch über Keller mit länger gelagerten Weinen und – was von großer Wichtigkeit ist – über sachkundige Mitarbeiter, mit denen man sich beraten kann. Dadurch bekommen die Kunden die Möglichkeit, neue Sorten kennen zu lernen und die Unterschiede zwischen Lagen und Jahrgängen in Proben selbst zu testen.

❡ Wer in seinem Weinurteil und seinem persönlichen Geschmack längerfristig oder für eine gewisse Zeit – Geschmäcker ändern sich nun einmal, dagegen ist niemand gefeit – gefestigt ist, hat es gegebenenfalls noch besser. Denn er kann nach ausgiebigem Kundigmachen durch Weinreisen und gezielte Besuche beim Erzeuger sich die Direktlieferanten seiner bevorzugten Sorten aussuchen und dort bestellen. Diese Erzeuger beliefern ihre Kunden auch regelmäßig mit Informationsmaterial über ihre aktuellen und gelagerten Bestände. Auf diese Weise kann man sich wie beim örtlichen Weinhändler einen lagerfähigen Kellerbestand zusammenstellen, der auf der persönlich ausgewählten Qualitätsstufe angesiedelt und mit garantierten Geschmacks- und Lagerungsmerkmalen ausgestattet ist und den man überdies zu einem günstigeren Preis erstehen kann, da die Zwischenhändlermarge nicht anfällt.

¶ Gleich wo man in Europas Weinländern reist, überall kann man auf Gütern und bei Winzergenossenschaften Wein verkosten und kaufen. Dabei wird selbst der Weinkenner mit den höchsten Ansprüchen feststellen, dass unter anderem Tafel- und Landweine direkt aus dem Lagertank verkauft werden, die äußerst günstig sind und die in der lokalen und regionalen Gastronomie häufig als Hausweine angeboten und grundsätzlich von der einheimischen Bevölkerung sehr gut angenommen werden. Daran darf man sich gerne ein Beispiel nehmen, denn in der Regel sind diese Weine nicht nur frisch und jung, sondern auch durchaus anspruchsvoll in Bouquet und Geschmack – nur sonderlich lagerfähig sind sie nicht. Meist kauft man sie in größeren Gebinden und im Kunststoffkanister. Davon darf man sich nicht abschrecken lassen – schließlich gibt es Kühlschränke und Karaffen, in denen man den Wein stilvoll auch Gästen kredenzen kann. Die Kanister werden randvoll gefüllt, so dass fast keine Luft darinnen ist und man den Wein durchaus einige Monate

ungeöffnet lagern kann, natürlich möglichst unter Ausschluss von Sonnenlicht und -wärme.

¶ Bleibt das Problem des Transports, das aber genauso bei auf andere Art geliefertem Wein gegeben ist. Jeder Transport bringt Unruhe in den Wein, die seinen Reifungsprozess in Fass oder Flasche beeinflusst und sich unmittelbar am Gaumen und auf der Zunge sowie in der Nase bemerkbar macht. Transportierter Wein muss wieder zur Ruhe kommen, und dafür braucht es eine gewisse Zeit der Lagerung unter möglichst guten Bedingungen. Schon die Römer kannten das Phänomen, welches man heute auf den so beliebten Kreuzfahrten noch gerne ausnutzt, nämlich die merklich schnellere Alterung des Weines jeglicher Art und Sorte beim Transport über See. Selbst ein Schiff von 50.000 Bruttoregistertonnen wird in der ewig rollenden Dünung auf See bewegt. Daher munden dann sogar junge Weine, die dort angeboten werden, ähnlich wie bereits ältere Lagerweine mit besonderen Merkmalen, obwohl man ihnen meist die Folgen der Bewegung anmerkt.

¶ Die ideale Dauer einer Beruhigungsphase für Wein nach seinem Transport kann niemand angeben. Selbst Experten geben Zeiträume zwischen drei Tagen und sechs Monaten an. Am besten legt man sich seine Standarddauer selbst fest. Persönlich lagere ich zum Bei-spiel sämtliche angelieferten oder mitgebrachten Weine – außer denen in Kunststoffkanistern natürlich – mindestens drei Monate zur Beruhigung im Keller, bevor ich sie anbiete. Die Ergebnisse waren bisher immer ausgesprochen befriedigend. Einige Freunde halten das für viel zu lang und verfahren entsprechend mit ihren Weinen, und ich halte sie nicht für Ignoranten. Es ist eine ganz persönliche Entscheidung.

| Le grand raisin jaune de Bormeo – die große gelbe Traube von Bormeo | →

GOETHE UND DER WEIN / Von Johann Wolfgang von Goethe ist nicht nur bekannt, dass er der deutsche Dichterfürst war, sondern als Mensch jemand, der keinen sinnlichen Genuss ausgelassen hat. Dafür nahm er gerne die Strapazen des Reisens und zuweilen die Unbekömmlichkeit fremder Speisen und Getränke in Kauf. Mit alkoholischen Getränken muss er regelrecht experimentiert haben, denn verschiedene Berichterstatter haben bewundert, wie genau er wusste, welches Glas Wein, Bier oder Spirituose ihm zu welcher Tageszeit und bei welcher Gelegenheit am bekömmlichsten war. Wein war unter allen Alkoholika sein Favorit, in allen Arten und Sorten. In seinen »Zahmen Xenien IV« gibt er dafür eine Begründung, die man beherzigen darf, denn dort heißt es:

Wein macht munter geistreichen Mann,
Weihrauch ohne Feuer man nicht riechen kann.

¶ Wenn man Supermarktangebote wahrnimmt, sollten diese stets für den alsbaldigen Verbrauch bestimmt sein. Wenn man sie zuhause hat, sind sie nur in die letzte Phase dauernder Bewegung und unsachgemäßer Lagerung eingetreten. Sofortige Kühlschranklagerung der Weißweine mildert die unmittelbaren Folgen etwas, bei Rotweinen können ein bis zwei Tage Ruhe einiges bewirken. Aber die übliche und gegenüber dem Wein etwas rücksichtslose stehende Lagerung während des Transports, im Zwischenlager und im Markt hat dafür gesorgt, dass die Korken völlig trocken sind und ein geschmackliches Eigenleben beginnen können, wenn sie in den Keller kommen. Der Autor kann und möchte nur von einem Zufallserlebnis berichten, als ein kalifornischer Rotwein aus einem bestimmten Discounter-Angebot, der frisch gekauft gut trinkbar war, aus Versehen im Sechserkarton liegend in den Keller kam. Er lag dort nicht nur drei Monate, sondern auch an einem falschen Ort – und wurde erst nach einem guten Jahr »wiederentdeckt«. Der Korken war einigermaßen getränkt, der Wein selbst hatte ohne irgendeine Beeinträchtigung die Lagerung überstanden und sich zu einem äußerst angenehmen, vollmundig-schweren Wein entwickelt. Wir haben den Versuch jedoch nie wiederholt.

¶ Genug zur sachgemäßen Lagerung – wir öffnen nun endlich eine Flasche. Jetzt ist es wichtig, um welche Art Wein es sich handelt. Denn nicht nur viele Rotweine brauchen nach dem Öffnen eine gewisse Zeit, um unter Lufteinfluss ihre sämtlichen Aromen zur Entfaltung bringen zu können, auch weiße Weine können gut und gerne eine kurze Zeit des Ziehens an der Luft gebrauchen. Während bei ihnen meistens bereits eine Viertelstunde ausreicht, benötigen Rotweine bis zu zwei Stunden und manchmal sogar mehr, um in Aroma und Geschmack »richtig zu kommen«, wie man sagt. Gute Hersteller liefern eine entsprechende Information auf dem Etikett mit, Weinhändler und Direktverkäufer geben ihre Erfahrungen gerne mündlich weiter, ansonsten ist der Käufer auf seine eigenen Erfahrungen angewiesen. Wenn man den in Frage stehenden Wein selbst verkostet hat, weiß man über diesen Aspekt Bescheid. Wichtig ist auf jeden Fall noch, dass es für die meisten Weine eine ideale Trinktemperatur gibt. Für gute Rotweine gilt, dass sie bei Raumtemperatur getrunken werden sollen. Damit sind weder sommerliche Gluthitze noch die Temperaturen ungeheizter Räume im Winter gemeint, sondern der Bereich zwischen 18 und 20, seltener zwischen 16 und 18 Grad Celsius. Weißweine werden auch im Winter gerne bei Temperaturen zwischen 8 und 14 Grad Celsius genossen.

¶ Nun kommen wir zum Anlass des Weingenusses. Es ist gleichgültig, ob man alleine oder mit Gästen Wein trinkt, man sollte im Produkt das ehren, was über lange Zeit und mit hohem Sachverstand in dessen Herstellung hineingelegt wurde. Dabei geht es nicht darum, in wie kleinen Schlückchen man das Getränk zu sich nimmt und wie lange man es auf der Zunge behält – vor dreißig Jahren noch war das ein ebenso gerne diskutiertes wie überflüssiges Thema beim Wein –, sondern darum, dass man die Produkteigenschaften zur Geltung bringt. Man lässt also zunächst den Wein etwas ziehen, bevor man ihn einschenkt. Und nun kommt die Wissenschaft von der richtigen Trinkgefäßwahl ins Spiel. Glasgefäße sind immer empfohlen, sowohl beim Dekantieren als auch beim Trinken. Steingut- oder Keramikgefäße sind bei Schoppenweinen oder rustikalen Anlässen problemlos, sie haben sogar einen gewissen Kühleffekt.

¶ Dekantieren, das heißt umfüllen aus der Flasche in ein anderes Gefäß, möglichst langsam zum Luftziehen und ohne Blasen- oder gar Schaumbildung, weil dies den Wein wieder beunruhigt, dekantieren also sollte man Wein dann, wenn man keine Zeit hat, ihn ordnungsgemäß in der Flasche »kommen zu lassen«. In Restaurants wäre dies insbesondere angebracht, wird jedoch leider selten praktiziert. Da scheint das Prestige und die Ästhetik der Flasche auf dem Tisch wichtiger zu sein als ein Optimum an Weinaroma. Als ideale Form eines Dekanters hat sich ein langhalsiges vasenartiges Gebilde mit einem flachen, sehr weiten Bauch und erheblichem Fassungsvermögen ergeben, dessen Bauch dem dekantierten Wein eine so große Oberfläche bietet,

dass er in wenigen Minuten zur endgültigen Entfaltung kommt. Das langsame Umfüllen tut bereits das seinige zur Vorbereitung dieses Prozesses.

¶ Wenn man zuhause nicht genug Zeit zum Ziehenlassen hat, kann man das Dekantieren dadurch umgehen, dass man ruhig bereits viele Stunden vorher die Flasche öffnet, nur ganz kurze Zeit ziehen lässt und wieder mit dem Korken verschließt. Der Wein kann sich dann in aller Ruhe an die Raumtemperatur anpassen und zugleich seine Aromen entwickeln. Abends genügen dann wenige Minuten, um das Aroma in der wieder geöffneten Flasche voll zur Entfaltung kommen zu lassen.

| In manchen guten Weinhandlungen kann man Wein direkt aus dem Fass abfüllen lassen. |

Auch hier handelt es sich um eine Frage des persönlichen Geschmacks, denn der Effekt ist derselbe wie beim Dekantieren.

¶ Nun zum Glas! Jeder Mensch weiß, wie angenehm eine festlich gedeckte Tafel sich auf ein wirklich gutes Essen auswirken kann – man sagt nicht umsonst »Das Auge isst mit«! Also legt man schönes Geschirr und das gute Besteck auf, dekoriert angemessen und rundet alles mit Römern ab, also langstieligen Kelchen aus Kristallglas, meist eingefärbt und so eingeschliffen, dass der Wein darin wunderbar funkelt. Das alles hinterlässt einen erhabenen Eindruck bei den Gästen. Selbstverständlich kann der Wein sein Bouquet auch in solchen Gläsern entfalten – nur nicht optimal zur Geltung bringen. Doch beim richtigen Weingenuss trinkt auch die Nase mit! Das bedeutet, dass man insbesondere hochwertige Weine in Gläsern anbieten sollte, die durch ihre Form dem Bouquet seine volle Entfaltung erlauben, zugleich aber verhindern, dass es vollständig aus dem Glas entweichen kann. Solche Gläser weiten sich zur Trinköffnung hin nicht total, sondern sind bauchig und verjüngen sich zur Trinköffnung hin.

¶ Diese Glasform ist ursprünglich nur für die Weinverkostung bei Weinproben entwickelt worden. Das heute als Klassiker gehandelte Degustationsglas in der schlanken Fassform entspricht diesem Ideal. Es eignet sich aber wiederum nicht so gut zum Genusstrinken, weil beim Weintest und bei der Weinprobe immer nur winzige Mengen ins Glas kommen, die dann den verschiedensten Prüfungen in Aussehen, Geruch und Geschmack unterzogen werden. Wenn man ein solches Glas jedoch richtig füllt, hat der Wein keine Entfaltungsmöglichkeit mehr in dem geringen verbleibenden Restvolumen. Trinkgläser sollten folglich immer eine

durchaus ausladende rundliche Fassform besitzen, Rotweingläser in der größeren bis ganz großen Ausführung, wobei letztere seit einiger Zeit immer beliebter wird, Weißweingläser gerne in einer weniger voluminösen Variante. Bei der Wahl des Glases kommt es auf den Wein und die Gelegenheit an; die Funktionalität des Weinglases im obigen Sinne sollte jedoch gegebenenfalls Priorität besitzen!

¶ Nun zu den Gefäßen, in denen der Wein geliefert wird, den Flaschen. Seit der Einführung der Euro-Normflaschen mit 0,75 Liter Inhalt scheint deren Erscheinungsbild ein wenig verarmt. Aber das täuscht und rührt wahrscheinlich daher, dass doch sehr viele Menschen sich des Supermarktangebots bedienen. Denn selbst ähnliche oder gar scheinbar genormte Formen weisen große Unterschiede auf. Wichtig sind zwei Eigenschaften von Flaschen, die auf den Inhalt und die Qualität des Inhalts schließen lassen. Das eine ist das Gewicht der Flaschen, das etwas mit der Wanddicke und einem verstärkten Boden zu tun hat. Verstärkte Flaschen kennen wir normalerweise von Schaumwein und Champagner, da diese hohen Innendruck aushalten müssen und über möglicherweise lange Jahre der Flaschenreifung und Kellerlagerung nicht spröde werden dürfen.

¶ In Italien vor allem zeugen verstärkte Flaschen von hoher Qualität des Inhalts. Dort haben alle Massenweine leichte, dünnwandige und im Notfall empfindliche Flaschen. Jeder bessere oder gar noble Wein jedoch kommt in wirklich Schutz bietende Flaschen, deren Gewicht man sofort in der Hand spürt. Rotweine kommen überdies meistens in dunkel eingefärbte Flaschen, so dass auch ein Lichtschutz gewährleistet ist. Zwar bieten auch die dünnwandigen Exemplare Farben auf, doch ihr Schutzfaktor ist wesentlich geringer. Dickwandige Flaschen ertragen lange Lagerung auch in Stapelung mit direktem Flaschenkontakt problemlos, die anderen können unter Druck von innen und außen morsch werden und splittern gerne am Ausgussrand, wenn man einen mit Hebelkraft arbeitenden Korkenzieher ansetzt.

¶ Aufmerksame Erzeuger und Händler achten darauf, dass besondere Weine in besonders geformten Flaschen angeboten werden. Nun hat zwar die Flaschenform überhaupt keinen Einfluss auf den sonstigen Charakter des Weins, aber sie vermittelt trotzdem eine Botschaft, zumindest über den persönlichen Geschmack des Käufers oder Schenkenden. Bekannt ist die rundlich-bauchige so genannte Bouteillenform, die Alter und Reife andeuten soll. Man verbindet sie instinktiv mit der »guten alten Zeit«, und wenn sie auch noch einen gereiften Roten enthält, bedeutet eine solche Flasche als Geschenk durchaus so etwas wie Wertschätzung des Beschenkten. Diese Wirkung machen sich natürlich marketingtechnisch auch Anbieter ausgesprochener Durchschnittsware zunutze.

Wenn man eine solche Flasche für sich oder als Mitbringsel kaufen will, sollte man über die Qualität des Inhalts genau informiert sein. Das Fazit lautet, dass die gerade, schlanke Flasche eigentlich die ideale Form besitzt. Das hat auch lagertechnische Hintergründe. Um die scheinbare Eintönigkeit der Flaschen auszugleichen, hat sich in den letzten Jahrzehnten von Italien, dem Land der großen Designer, ausgehend eine Etikettenkultur entwickelt, die mittlerweile international zu einem edlen Wettstreit geführt hat, in dem sich die vor allem positiven Intentionen der Erzeuger spiegeln. Die zeigen sich übrigens auch in der Lösung der Korken- und Verschlussfrage. Der klassische Korken aus der Rinde oder Borke der iberischen Korkeiche hat Jahrhunderte lang gute Dienste geleistet. Er bringt nur ebenso lange schon ein Problem mit sich, denn für Weinkenner gilt, dass von durchschnittlich zwölf Flaschen wenigstens eine den so genannten Kork hat, also geschmacklich verdorben ist. Hauptsächlich sind davon Weißweine betroffen, Rotweine, so sagt man, haben nie Kork – allerdings ist das ein weitverbreiteter Irrtum!

¶ Namhafte Vertreter der internationalen Winzerzunft wissen, dass man das Korkproblem vermeiden kann, wenn man geeignete Kunststoffe für die Herstellung von Korken verwendet. Schon seit vielen Jahren praktizieren Schweizer Winzer, die nicht nur mit ihren Fendant-Weinen und den trockenen Walliser oder Waadtländischen Roten internationale Reputation erzielt haben, den kunststoffversiegelten Schraubverschluss und den Kunststoffstopfen. Dadurch werden diese Weine nicht günstiger, denn ihre Qualität entscheidet über den Preis. Aber der Kunde ist schlicht zufriedener, wenn er von zwölf gekauften Flaschen auch zwölf trinken kann und nicht nur zehn oder elf. Jedoch be-

| Die Ausbaustufen des Weines und ihre Bedingungen in Deutschland

Kabinett
in reifem Zustand geerntete Trauben, Ausgangsmostgewicht 67° Oechsle für Riesling

Spätlese
in vollreifem Zustand und frühestens sieben Tage nach Beginn der Hauptlese geernteten Trauben, Ausgangsmostgewicht 76° Oechsle für Riesling

Auslese
aus vollreifen, unter Aussonderung aller grünen, unreifen Beeren geernteten Trauben, Ausgangsmostgewicht 83° Oechsle für Riesling

Beerenauslese
aus edelfaulen oder überreifen Trauben, Ausgangsmostgewicht 110° Oechsle für Riesling

Trockenbeerenauslese
aus überreifen und rosinenartig eingeschrumpften edelfaulen Beeren, Ausgangsmostgewicht 150° Oechsle für Riesling

Eiswein
die Weintrauben werden bei mindestens –7° Celsius gelesen und im gefrorenen Zustand gekeltert, Ausgangsmostgewicht 110° Oechsle für Riesling

| Le raisin dit Geisdutte-bleu – die Blaue »Geisdutte« |

kennen sich die Schweizer ebenfalls zu dem Teil ihrer Kundschaft, der in Weinfragen sehr konservativ ist: Die ganz besonders hochwertigen Weine werden immer noch mit Naturkorken verschlossen, weil der Kunde dies so will und das damit verbundene Risiko gerne eingeht. Bei von Anfang an sachgerechter Lagerung ist das Risiko des Korkens übrigens gar nicht so hoch. Pragmatisch gesehen sind jedoch der Kunststoffstopfen oder der Drehverschluss önologisch und auch ökologisch die sinnvolle Lösung eines alten Problems. Man schrecke beim Kauf also nicht vor derart verschlossenen Weinen zurück!

¶ Wie der Kork vom Weingenuss abhält, so befördern komplementäre kulinarische Genüsse diesen. Wein zum Essen ist ein unendliches Thema! Einige Kenner haben daraus eine Wissenschaft gemacht, die in ihren Ergebnissen Gefolgschaft vom Weinpublikum fordert. Das darf man getrost als übertrieben bezeichnen. Wer viel gereist ist und internationale Bräuche mit heimischen vergleichen konnte, wird wissen: Jeder trinkt zum Essen das, was ihm schmeckt. Einige Regeln sind jedoch beherzigenswert und als erste Orientierung wertvoll.

¶ Zunächst einmal geht es nicht um die Frage: Bier, Wein oder Wasser. Wer keinen Alkohol mag oder verträgt, trinkt Wasser oder andere nichtalkoholische Getränke. Aber alle Gerichte, zu denen man – ob ahnungsvoll oder ahnungslos – am liebsten ein Bier trinken würde, gehen auch mit einem speziellen Wein einher. Paula Bosch, die langjährige Sommelière des Münchner Restaurants Tantris und Weinautorin der Süddeutschen Zeitung, hat dies nicht nur in ihren Empfehlungen für die Gourmet-Serien dieser Zeitung mit großem Kenntnisreichtum belegt. Man sollte ihr

dafür dankbar sein: Denn wer kommt schon von allein darauf, dass man sogar Frikadellen und Fischbrötchen mit einem wirklich gut passenden Wein zusammen genießen kann?

¶ Man sagt zum Beispiel, dass ein Cabernet Sauvignon-Rotwein gut zu rotem Fleisch, also Rindfleisch oder Wild passt. Und zu kräftigen Käsen. Nun haben wir kalifornischen, chilenischen und europäischen zur Auswahl: Wer sagt uns, welcher von denen am besten zu gegrilltem Steak und der nachfolgenden Käseplatte passt, ohne den Wein wechseln zu müssen; denn man weiß ja, dass verschiedene Weine durcheinander getrunken dem Kopf erhebliche Probleme bereiten können. Auch der Experte muss sich da auf seine persönliche Erfahrung verlassen und eine entsprechende Empfehlung aussprechen. Wenn man aus Erfahrung alle drei in Frage kommenden Weine kennt und darunter einen Favoriten hat, dann sollte man diesen wählen – damit kann man grundsätzlich nichts falsch machen. Andere würden eine andere Wahl treffen. Ebenfalls sehr zum Wohl! Und eines ist ganz besonders wichtig: Fragen Sie nie ihre Gäste, was sie bevorzugen würden! Als Gastgeber bestimmen Sie den Wein zum Essen oder für davor und danach.

| Ein Titelbild des zwischen 1803 und 1815 in Lieferungen erschienenen Werkes »Le Raisin« von Johann Simon von Kerner. | →

❡ Die Grundregel lautet: roten Wein zu rotem Fleisch, weißen Wein zu Fisch, Meeresfrüchten und hellem Fleisch, Rosé zu rotem Fisch und Meeresfrüchten; Rotwein zu kräftigen Nudelgerichten mit roten oder Käsesaucen, weißen zu hellen Nudelgerichten zum Beispiel mit Schinken-Sahne-Saucen. Der Autor allerdings liebt es, zu zwiebelgeschmelzten Kässpätzle, also einem sehr hellen Teigwarengericht, einen ausgeprägten Trollinger mit Lemberger zu trinken, gleichgültig, ob zur Zubereitung sehr kräftige oder eher einfach strukturierte Käse verwendet werden. Diese ungebundene, undogmatische Freiheit der Wahl hat bereits vor langen Jahren Wolfram Siebeck, gerne als Gourmet-Papst gehandelt, gepriesen und verteidigt. Dafür muss man ihn loben. Er hatte seinerzeit übrigens mit dem Vorurteil aufgeräumt, Wein müsse zwecks echten Genusses nur in winzigen Schlürfern getrunken werden. Er sagte damals sinngemäß: »Natürlich probiert man in kleinen Schlucken, aber wenn es mir dann schmeckt, ist Schluss mit der Pietät«, und wörtlich weiter: »schlabber, schlabber, weg damit«! Zwischen den Polen Paula Bosch und Wolfram Siebeck liegt irgendwo eines jeden ganz persönliche Meinung zu diesem Thema.

❡ Man sieht, es gibt zum Thema Wein und Genuss einige objektivierbare und viele nur individuell zu entscheidende Problemlösungen. Nichts falsch machen kann jener, der sich nicht scheut, Fragen zu stellen. Und genauso wenig jener, der sich einen eigenen Geschmack erarbeitet hat und sich daran hält. Wissen kann man erweitern, nur Nichtwissen gebiert keine Fehler. Denn wer nichts tut, kann auch nichts falsch machen. Wissenserweiterung ist jedoch mit Arbeit verbunden und schreitet durch Versuch und Irrtum vorwärts. Für die Kenntnis der Weine sind Versuche und Irrtümer ebenso wesentlich wie für eine Naturwissenschaft. Die Önologie, die Weinkunde, ist im Grunde eine Naturwissenschaft. | 🦋

ROTE REBSORTEN / Der Trend zu roten Rebsorten ist mit einem derzeitigen Anteil von fünfunddreißig Prozent in allen Anbaugebieten unverkennbar. Die beiden größten Anbaugebiete Rheinhessen und Pfalz haben inzwischen auch die höchste Rotweinproduktion. Dabei besaßen eigentlich die südlich gelegenen Regionen Württemberg und Baden eine dominante Rotweintradition. Und den Ahrwinzern fällt eine Sonderrolle im deutschen Weinbau zu – die der traditionellen Rotweinerzeuger im Norden. Bei den Rotweinsorten hat der Spätburgunderanbau die größte Bedeutung. ¶ In Baden haben die Burgundersorten generell einen hohen Flächenanteil. Württemberg baut die Rotweinsorten Trollinger, Schwarzriesling und Lemberger in beachtlichem Ausmaß an, in der Pfalz haben Dornfelder und Portugieser den höchsten Flächenanteil. ¶ Die bedeutendsten Rotweine nach ihrem Marktanteil sind: Spätburgunder – Dornfelder – Portugieser – Trollinger – Schwarzriesling – Lemberger – Regent– Saint Laurent – Dunkelfelder– Domina.

| Spätburgunder |

| Roter Muskateller |

| Traminer |

figure . 1.ere   fig . 2 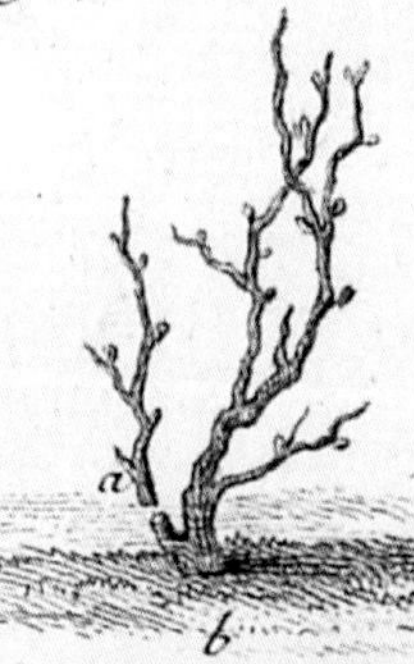 .   fig . 3 .

fig . 4 .   fig . 5  .   fig . 6  .   fig . 7 .

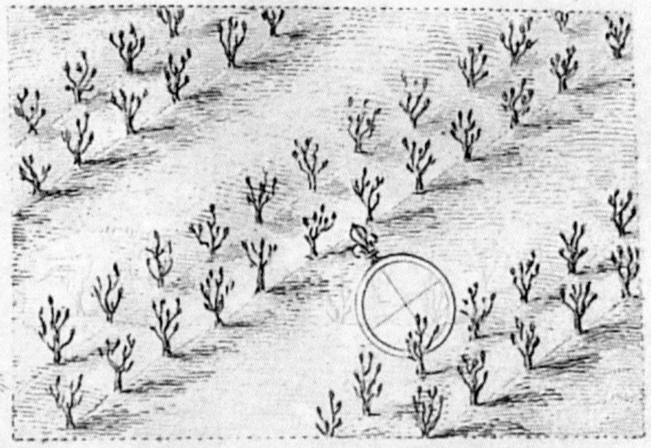

fig . 8  .   fig . 9 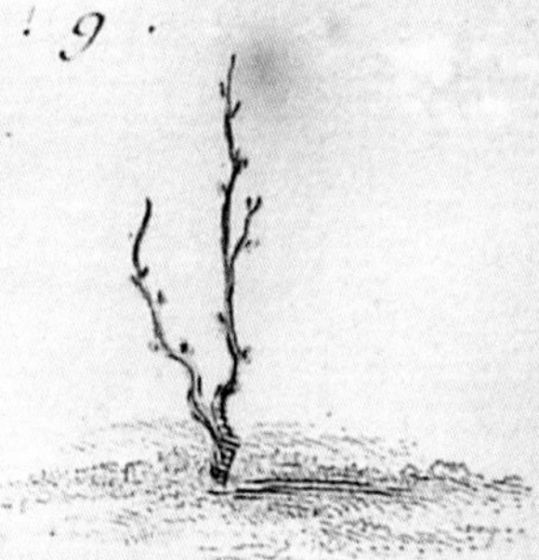 .   fig . 10 .

Formen

∽

DES WEINS

Dieses Buch widmet sich dem aus den Trauben von Vitis vinifera *gewonnenen Saft und seinem Vergärungsprodukt. Der Dattelwein des Orients, die Obstweine Asiens, Südamerikas und Europas und weitere unter dem Namen Wein angebotene Formen bleiben unberücksichtigt. Aber bereits in früheren Kapiteln wurde auf Tresterwein und weitere Tresterprodukte hingewiesen. Außerdem verweist uns der Begriff Schaumwein auf Formen des Weins, die hier noch nicht behandelt wurden. Ihnen gilt dieses Kapitel, das sich mit anderen als den uns bereits bekannten Formen der Verarbeitung und des Ausbaus von Wein befasst.*

❡ Der erste Platz gebührt dabei selbstverständlich allen Arten von Perlwein, Schaumwein und Champagner. Sie alle sind ursprünglich aus Ergebnissen der Fassvergärung entstanden, die von den Winzern als zunächst unerklärliche Fehler angesehen wurden. Der Überlieferung nach sollen die Vorformen von Sekt und Perlwein in den nördlichen Anbaugebieten entstanden sein, wo es regelmäßig geschah, dass bei besonders kalten Herbsten oder früh einsetzenden Wintern die Gärung der Weine im Fass durch zu starke Kühlung unterbrochen wurde. Die Fassreife hatte bis dahin erst ein Stadium der Zuckervergärung erreicht, bei dem die Spaltung in Alkohol und Kohlendioxid auf dem Höhepunkt war. Wenn man nun den Wein in diesem Stadium zapfte und genoss, hatte man ein noch stark restsüßes, prickelndes und sogar schäumendes Produkt im Trinkgefäß. Mit Fortgang der kalten Jahreszeit legte sich dies, und im Frühjahr oder Frühsommer des folgenden Jahres setzte eine zweite Gärung ein. Diese ging wiederum mit Gasentwicklung einher, also einer Bläschenbildung, die nun als Makel angesehen wurde. Viele Winzer haben damals einen Großteil ihres Lebens damit verbracht, diese Bläschenbildung

Fig. 4.

zu bekämpfen. Man konnte sich weder erklären, wie sie zustande kam, noch vermochte man sie gezielt einzusetzen.

❡ Als im 17. Jahrhundert die Glasflasche als Transport- und Kredenzgefäß eingeführt wurde, zog man den erstvergorenen Wein oft schon vor dem Transport auf Flaschen, nachdem das Schäumen aufgehört hatte. Wenn dann während des Transports oder spätestens nach der Kellereinlagerung die zweite Gärung einsetzte, hielten die Flaschen den Gasdruck nicht aus, weil die Technik noch nicht imstande war, druckbeständiges Glas herzustellen. Es kam zu Glasbruch, Weinverlust und häufigen Unfällen mit Verletzungen oder gar Todesfolge. Selbst wenn man nun wieder auf die ökonomischere Methode des Fasstransports zurückgriff, hatte man das Grundproblem nicht behoben. Der besonders frisch schmeckende, prickelnde und im Glas aufschäumende Wein erfreute sich gleichwohl einiger Beliebtheit. Man wusste es damals natürlich noch nicht, aber durch den erheblichen Kohlendioxidgehalt wird beim Genuss von Schaumweinen der Alkohol viel schneller in den Kreislauf übertragen und entfaltet seine Primärwirkung deshalb unmittelbar, er erfrischt also nicht nur, sondern belebt die Sinne und macht hellwach und aktiv, außerdem hebt er dadurch die Stimmung positiv.

❡ Um 1700 sind erste Anzeichen aus der Champagne zu verzeichnen, dieses zunächst zufällige Produkt gezielt und methodisch weiterzuentwickeln. Man erhoffte sich hierdurch neue Absatzmöglichkeiten. Zwei Tatsachen standen den Herstellern jedoch noch im Weg. Die erste war der erwähnte Flaschenbruch, die zweite die verbleibende Hefetrübung. Erst in der zweiten Hälfte des 19. Jahrhunderts war man auf der Grundlage neuer naturwissenschaftlicher Kenntnisse über die Prozesse bei

der alkoholischen Gärung und die Natur und Wirkungsweise der Hefe in der Lage, dieses Problem gezielt anzugehen. Und erst 1902 wurde der Grundstein zur heutigen Technik, der Méthode Champagnoise, gelegt: mit der Anwendung von Reinzuchthefen und der Flaschengärung. Bei der Reinzucht wird aus der Menge verschiedener Weinhefearten die als besonders geeignet erkannte ausgewählt und von einem einzigen Organismus ausgehend sortenrein gezüchtet. Aus dieser Zucht kann man dann eine genau bestimmbare Anzahl Hefezellen herausnehmen, die den Erfordernissen der jeweiligen Zuckermenge im Wein angepasst ist und diesen vollständig trocken vergärt. So bekommt man die Druckverhältnisse in den Griff. Um bei der Flaschengärung keine Heferückstände mehr zu haben, wird dem Wein beim Ziehen auf die Flasche keine vollständige Hefe, sondern nur die aus der Hefe gewonnene Enzymase, das Gärungsenzym, beigegeben. Auf diese Weise erhält der Winzer ein vollständig klares und in seinem Perl- und Schäumverhalten kontrolliertes Endprodukt.

❡ Bei der Champagnermethode wird mit hohem Personalaufwand sehr traditionell verfahren. Die Hersteller müssen während der gesamten Prozessdauer höchst aufmerksam die Reifung ihres Produktes beobachten und begleiten, einschließlich des regelmäßig erforderlichen Flaschendrehens im Lagerregal. Dies und der ausgesucht gute Wein – im Champagner muss ein Chardonnay-Traubenanteil von mindestens fünfzig Prozent enthalten sein, im Blanc-de-Blanc-Champagner sogar hundert Prozent, Chardonnay gilt nach dem Riesling als zweitbeste Weißweintraube überhaupt – gestalten dann auch maßgeblich den Preis für echten Champagner. »Nach Champagnerart« nachge-

DER WEIN IM BAROCKZEITALTER / Im 17. und 18. Jahrhundert war es üblich, den Tag mit einem Becher Wein oder einer Maß Weißbier zu beginnen. Aus diesem Grund nannte man das Frühstück mancherorts auch »Morgentrank«. Das bessere Braunbier oder der (Boden)Seewein blieben Sonn- oder Festtagen vorbehalten. ¶ Die Wohlhabenderen tranken meist Seewein oder griffen zu den klassischen Weinsorten Burgunder, Tokajer, Rheintaler, Veltliner oder Südtiroler. Die ausländischen Weine waren qualitativ besser und damit teurer als der einheimische Bodenseewein, der meist so sauer war, dass man damit dem Volksmund nach sogar »den Teufel strafen« konnte. ¶ Wein gab es seit dem frühen Mittelalter überall im deutschen Reich, und sogar bis nach Tilsit hinauf wurde Wein angebaut. Um 1400 umfasste die Rebanbaufläche 300.000 Hektar – das Dreifache der heutigen Rebfläche.

machte Schaumweine erkennt man übrigens nicht nur am viel niedrigeren Preis, sondern auch an der Farbe – Champagner ist nie blass, sondern hat immer einen leichten Goldton – und an der Bläschengröße – beim Champagner sind sie sehr fein, beinahe winzig, und beständig perlend.

¶ Die Bereitung von Sekt, Spumante und Frizzante, also Schaum- und Perlweinen ohne den Anspruch des Champagners, aber auf vergleichbarem Qualitätsniveau, verläuft völlig anders. Dass es in diesem Sektor ebenfalls einen großen Unterschied in der Preisgestaltung gibt, liegt hauptsächlich am Ausgangswein und an den hergestellten Margen. Riesling- und Chardonnaysekte sind etwa in Deutschland sehr beliebt und trotzdem teuer, weil diese edlen Trauben nicht unter den mechanisierten, zum Teil vollautomatischen Kelter- und Reifungsprozessen leiden dürfen. Man produziert sie also mit besonderer Sorgfalt und in kleineren Mengen als die Massensekte. Die dritte besonders beliebte Schaumweintraube ist übrigens die Proseccotraube. Fälschlicherweise wird unter Prosecco meist italienischer Schaumwein generell verstanden. Prosecco darf sich jedoch nur nennen, was aus der in Venetien beheimateten Traube gekeltert wurde.

¶ Nur Prosecco spumante darf als Schaumwein oder Sekt bezeichnet werden, wohingegen Prosecco frizzante ein Perlwein mit geringem Kohlensäuregehalt ist. Bei der Herstellung wird dem Wein Kohlensäure zugesetzt. Neben Schaum- oder Perlweinen werden Stillweine aus der Rebe gekeltert, die allerdings selten über die Landesgrenze hinaus kommen. Prosecco als Schaumwein gibt es in halbtrockenen und trockenen Versionen. Heutzutage werden die meisten Prosecco-Schaumweine völlig trocken vergoren auf den Markt gebracht. Speziell in Deutschland hat sich diese Version als »Partywein« etabliert. Im Unterschied zu französischem Champagner oder deutschen Winzersekten wird der Schaumwein Prosecco oft nicht in der aufwändigeren Flaschengärung, sondern in Tankgärung hergestellt. Die vom Hersteller gewählte Methode kann man am Preis ablesen.

¶ Das Ziel der Sektzubereitung ist immer ein mit Kohlensäure übersättigter Wein. Die Kohlensäure soll hierbei im Wein gelöst bleiben, um erst beim Öffnen der Flasche am Glasrand aufzuperlen und an der Oberfläche die volle Frische zu entfalten. Wie kommt nun aber der Sekt in die Flasche? Je nach der Wetterentwicklung und dem zu erwartenden Jahrgang sucht man sich die geeigneten Trauben aus dem Angebot aus, um dem Qualitätsstandard des jeweiligen Herstellers zu genügen. Diese Trauben werden dann etwa zwei Wochen vor der Hauptlese gelesen; sie haben zu diesem Zeitpunkt noch alle Säure und wenig Tannin entwickelt. Bei der Ernte wird besonders darauf geachtet, dass die Trauben nicht beschädigt sowie möglichst schonend befördert und verarbeitet werden. Die weitere Kelterung verläuft wie bei anderem Weißwein auch, der entstandene Grundwein lagert zunächst in einem Tank. Um den Wein zur zweiten Gärung zu bringen, löst man Zucker in etwas Grundwein und gibt die vorher genau berechnete Menge Hefe dazu. Diese Mischung nennt man »Fülldosage«. Der Grundwein wird nun mit diesem prozentual genau berechneten Zusatz in Flaschen abgefüllt und mit einem Kronkorken verschlossen. Pro Füllung wird eine Flasche mit einem Druckmessgerät versehen, um den Gärfortschritt genauestens verfolgen zu können. Während der zweiten Gärung entstehen Kohlensäure und Alkohol in der Flasche. Da die Kohlensäure in der verschlossenen Flasche nicht entweichen kann, entsteht hier ein Druck bis zu 8 bar. Zum Vergleich: Ein Autoreifen hat im Durchschnitt 2,5 bar Innendruck.

❡ Nach der zweiten Gärung und einer gewissen Lagerzeit auf der Hefe müssen die Heferückstände entfernt werden. Dazu werden die Flaschen in so genannte Rüttelpulte gelegt und im Verlauf von drei Wochen langsam aufgestellt. Die Hefetrub genannten Heferückstände wandern dabei langsam in den Flaschenhals und setzen sich dort ab. Um sie zu entfernen – in der Fachsprache Degorgieren genannt – gibt es zwei Möglichkeiten, wobei die erste nur noch in wenigen Häusern praktiziert wird: Der Kronkorken wird mit einem Degorgierhaken entfernt. Durch den Druck, der in der Flasche entstanden ist, wird der Hefetrub herausge-

schleudert. Mit starkem Daumen muss man nun rasch Flüssigkeitsverlust verhindern. Dieses etwas aufwändige Verfahren wird Warmdegorgieren genannt. In der heute meist verwendeten Methode wird der Flaschenhals mit einem Kühlgerät oder einer chemischen Flüssigkeit vereist, und der Trub kann beim Öffnen der Flasche als Pfropfen entweichen.

❡ Die traditionelle Flaschengärung – ob bei Champagner oder Sekt – ist ein teures Vergnügen. Wenn man der immer noch steigenden Nachfrage gerecht werden und sein Produkt trotzdem zu einem bezahlbaren Preis auf den Markt bringen will, empfiehlt sich eine Tankvergärung mit abschließender Flaschenabfüllung. Der Prozess ist grundsätzlich derselbe, nur in sehr großem Maßstab.

Vollautomatische Prozesssteuerung sorgt dafür, dass alle Schritte wie bei der Flaschengärung mit ähnlicher Präzision ablaufen. Der Unterschied liegt vor allem darin, dass der Sekt in dem Moment, in dem er in die Flasche kommt, ausgereift ist. Er wird durch Lagerung nicht mehr besser. Die geschmacklichen Unterschiede zwischen den Sorten gehen immer auf die für den Grundwein gewählten Trauben zurück. Dabei muss es sich nicht immer nur um eine einzige Traubensorte handeln. Wie beim Rotling kann man eine Traubenmelange vergären, man kann aber auch verschiedene reine Grundweine miteinander verschneiden. Verschneiden nennt man zunächst einmal das Vermischen von Weinen aus verschiedenen Traubensorten vor dem Erreichen der letzten Phase der Fass- oder Tankreifung.

¶ Verschnittweine stellt man gerne auf der Ebene der Tafel- und Landweine als Bereichsweine her. Ebenso wie einen »Badischen Rotling« kann man auch einen »Badischen Riesling« – in diesem Fall allerdings eher als Qualitätswein – finden. Für die Tafel- und Landweine werden sämtliche Trauben, die die definierten Margen für die Qualitätsweinherstellung überschreiten, zusammengemengt. Das Ergebnis kann dann »Pfälzer Landwein«, eventuell noch mit dem Zusatz »Bereich Rheinpfalz« heißen. Es gibt spezielle Kooperativen, die sich für solche Massen- und Kochweine interessieren und ihre Kapazitäten entsprechend ausnutzen. Die Winzer müssen nichts wegwerfen, und bestimmte Endverbraucher sind zufrieden gestellt.

¶ Einer der berühmtesten Weine der Welt, der rote Bordeaux, ist ebenfalls ein klassischer Verschnittwein. Er besteht nämlich nicht ausschließlich aus Cabernet-Sauvignon, einer der bekanntesten und aromatischsten Rotweintrauben mit tiefem Rotton und charakteristischem Aroma schwarzer Johannisbeeren, sondern zum Teil nur zu fünfzig Prozent. Nur die Medoc- und Graves-Weine aus einer Unterregion des Bordeaux sowie die mit Recht gerühmten Mouton-Rothschild und Latour enthalten höhere Anteile dieser Traube, aber auch nicht mehr als fünfundachtzig Prozent. Der Cabernet-Sauvignon wird mit Merlot und Cabernet Franc verschnitten, was wirtschaftliche und historische Gründe hat. Dass die Weine trotzdem eine solche Berühmtheit erlangen konnten, liegt wohl daran, dass die kiesigen Böden der Gironde und des unteren Laufs der Garonne für das Gedeihen des Cabernet so hervorragend geeignet sind.

¶ Verschneiden kann man allerdings nicht nur verschiedene Weine miteinander. Ein probates Mittel, sehr lagerfähige, schier unverwüstliche, geschmacklich authentische, starke Weine für besondere Gelegenheiten und vor allem den Export zu erhalten, ist, einen entsprechend geeigneten Wein aufzuspritten. Aufspritten bedeutet, dass man dem Wein einen gewissen Anteil Weinbrand beimischt, ihn eben damit verschneidet. Das Wort leitet sich von *spiritus* ab, dem lateinischen Wort für Geist, übertragen auch für Weingeist. Der Volksmund bezeichnet ja alle destillierten alkoholischen Getränke gerne mit dem Ausdruck Sprit. Die in Europa bekanntesten gespritteten Weine sind der spanische Sherry und der portugiesische Portwein. Beide sind nach Städten benannt, die sowohl ihren jeweiligen Herkunftsbereich als auch ihren hauptsächlichen Verschiffungshafen bezeichnen.

¶ Die aus dem Englischen entlehnte Bezeichnung »Sherry« geht auf den arabischen Namen Sherish für den heutigen Ort Jerez de la Frontera an der spanischen Atlantikküste nahe der Grenze zur portugiesischen

Algarve zurück. Es ist der klassische Wein Andalusiens, weltweit bekannt gemacht von englischen Handelshäusern im 18. und 19. Jahrhundert. Sherry ist ein spanischer verstärkter Weißwein, der einem speziellen Reifeprozess unterzogen wird. Dadurch entwickelt er ein nur diesem Wein eigentümliches, an Mandeln und Hefe, bisweilen auch an Hasel- und Walnüsse erinnerndes Aroma. Das Hauptmerkmal aller Sherrys ist, dass sie aus einem trockenen Weißwein hergestellt werden, den man heute überwiegend aus der Palomino-Traube keltert. Es gibt aber noch die Pedro Ximenes- und die Moscadel-Trauben. Sie haben ein anders gelagertes Grundaroma als der Palomino. Von den früher einmal gut 140 Trauben und damit Aromen des Sherrys sind dies die drei dominierenden – der Trend geht jedoch scheinbar wieder in Richtung Vielfalt.

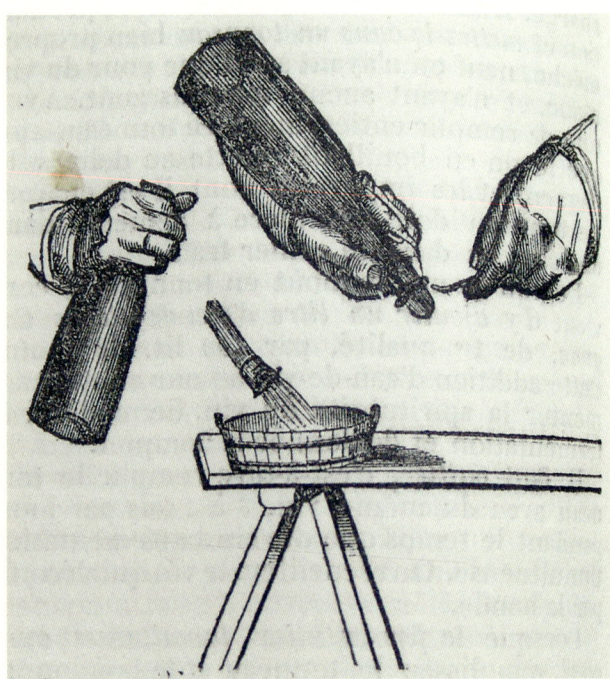

¶ Dieser Wein wird nach vollendeter Gärung mit Branntwein verschnitten, das heißt von ursprünglich elf bis zwölf auf fünfzehn bis achtzehn Prozent Alkohol aufgesprittet, und anschließend in unverschlossenen 600-Liter-Fässern an der Luft gereift. Alle Sherrys sind somit ursprünglich trocken. Sherry wird während seiner Fassreife nach dem so genannten Solera-Verfahren aus Weinen unterschiedlicher Jahrgänge verschnitten und ist als Herkunftsbezeichnung geschützt: Nur Weine aus dem andalusischen »Städtedreieck« Jerez de la Frontera, Sanlúcar de Barrameda und El Puerto de Santa María dürfen als Sherry bezeichnet werden. In Deutschland wird er hauptsächlich unter drei Sortennamen angeboten, Cream (süß), Fino (der Klassiker mit den typischen Sherry-Aromen) und Dry, ein sehr trockenes Produkt mit reduziertem Gaumen. Der Kenner weiß jedoch gut zwanzig Sorten Sherry zu benennen und mit ein wenig Übung auch zu definieren. Als Vorgriff auf das folgende Kapitel soll hier schon auf eine nachgewiesene medizinische Bedeutung des Sherrys hingewiesen werden: Durch seinen Gehalt an so genannten Polyphenolen hat er vorbeugende Wirkung gegen Fett- oder weitergehende Ablagerungen in den Blutgefäßen.

¶ Neben Sherry kennen wir als gespritteten Wein vor allem den Portwein – ein schwerer Südwein aus Portugal. Die Trauben dürfen nur von Reben in einem genau umgrenzten Gebiet im nordportugiesischen Douro-Tal geerntet werden. Dann werden sie mit dem Lastwagen – früher mit Schiffen, die heute in Porto zu Dekorationszwecken vor Anker liegen – in die großen Portweinkellereien nach Vila Nova de Gaia, am Ufer des Douro gegenüber von Porto gelegen, gebracht und dort zu Portwein verarbeitet. Der eigentliche Vorgang, der

Was bin ich alter Bösewicht
So wankelig von Sinne.
Ein leeres Glas gefällt mir nicht,
ich will, dass was darinne.
Das ist mir so ein dürr Geklirr,
He Kellnerin, erscheine!
Lass dieses öde Tischgeschirr
Befeuchtet sein vom Weine!

Nun will mir aber dieses auch
Nur kurze Zeit gefallen;
Hinunter muss es durch den Schlauch
Zur dunklen Tiefe wallen. –
So schwank ich ohne Unterlass
Hinwieder zwischen beiden.
Ein volles Glas, ein leeres Glas
Mag ich nicht lange leiden.

Ich bin gerade so als wie
Der Erzbischof von Köllen,
er leert sein Gläslein wuppheidi
und lässt es wieder völlen.

Wilhelm Busch

| Le raisin de Corinthe noir – der Schwarze Korinther |

Wein zu Portwein macht, ist die Avinierung, das heißt das Aufspritten des gärenden Mostes mit hochprozentigem Weindestillat. Dabei wird die Gärung der Portweine, sowohl rot als auch weiß, durch Zugabe von rund achtzigprozentigem Weindestillat abgebrochen. Der Zeitpunkt des Gärungsabbruchs bestimmt dabei den verbleibenden Restzucker, also den Grad der Süße des Endprodukts. Je weiter der Wein bereits vergoren ist, desto weniger Weinbrand muss hinzugefügt werden. Portwein darf nach Fertigstellung einen Alkoholgehalt zwischen 19 und 22 Volumenprozent aufweisen. Dadurch ist er lange lagerfähig.

¶ Port gibt es als weißen und – hauptsächlich – roten Wein, letzteren unter der Bezeichnung Ruby oder Tawny. Ruby – englisch für rubinrot – ist ein Verschnitt verschiedener Jahrgänge roter Trauben, der bereits nach drei Jahren Lagerung im Fass abgefüllt und verkauft wird. Deshalb ist er mit Abstand der preisgünstigste Port. Tawny Port – das englische Wort tawny bedeutet soviel wie gelbbraun – ist etwas trockener und hat, wie der Name andeutet, eine hellere Farbe. Dieser Verschnitt verschiedener Weine lagert etwa zwei bis drei Jahre im Fass, bevor er abgefüllt wird. Nur ihn gibt es auch als Aged Tawny: Dieser Wein lagert länger und zu einem großen Teil sehr lange im Holzfass; es gibt ihn in zehn, zwanzig, dreißig oder vierzig Jahre alten Varianten. Die Altersangabe ergibt sich aus dem Durchschnittsalter der für den Verschnitt verwendeten Komponenten. Aged Tawnies sind von wesentlich höherer Qualität als Standard-Tawnies. Weil das Ausgangsprodukt Tawny diese Ausbaumöglichkeit bietet, ist Tawny auch als junger Wein bereits etwas teurer als Ruby.

¶ Beide wiederum gibt es wie beim Sherry als Cream, Fine und Dry; in Portugal und England werden sie genauer als Muito Doce/Very Sweet, Doce/Sweet, Meio Seco/Semi dry, Seco/Dry und Extra seco/ Extra Dry geführt. Bei allen höheren, also weißen, und Tawny-Portweinen wird großer Wert gelegt auf den Ausbau von Jahrgangsweinen, Jahrgangsweinen aus einem bestimmten Anbaubereich und Jahrgangsweinen mit der Dominanz eines Grundweins. Das Verschneiden aus den anerkannt besten Ports eines Jahrgangs oder verschiedener Jahrgänge wird mit hohem Anspruch und immer wieder umwerfenden Ergebnissen betrieben. Die Herstellung der verschiedenen Sherry- und Portweine ist eine Wissenschaft für sich und beruht auf jahrhundertealter Tradition und Erfahrung. Kenner und Liebhaber haben hier ein weites Feld zu beackern. Für den Durchschnittstrinker reicht es in Portugal oder Spanien aus, wenn er in den verschiedenen Weinstuben nach der oder den Hausmarken fragt, denn allein dies breitet bereits eine unglaubliche Fülle von Geschmacksrichtungen aus samt den Empfehlungen der Gastgeber, was man an Käse, Oliven, Fisch, Schinken oder Spezialwurst als Tapas dazu nehmen sollte.

¶ Wir sahen, dass diese beiden verstärkten beziehungsweise gespritteten Weine aus einem Ausgangswein und dem eingeschnittenen Branntwein oder Weindestillat bestehen. Branntwein nun ist ein alkoholisches Getränk mit mindestens 32 Volumenprozent Alkohol und bildet eine der zwei Untergruppen der Spirituosen; der anderen, dem Likör, dient er als Basis. Man gewinnt ihn durch Destillieren oder Brennen, also – wenn man so will – eindampfen von Wein zum Erhöhen des Alkoholgehalts der Restflüssigkeit. Es gibt mehrere untereinander ähnliche Verfahren, die alle dasselbe Ziel haben und nach regionalen und traditionalen Besonderheiten und Vorlieben ausgebaut werden können. Französischer

Cognac, Armagnac oder Marc unterscheiden sich deutlich von deutschem Weinbrand oder italienischem oder spanischem Brandy. Ausgangsstoff muss jedoch sortenreiner oder verschnittener Wein sein, mitunter sogar ausgewählte Jahrgänge einzelner Trauben. Man kann Destillate von sechzig, siebzig oder auch mehr Volumenprozent herstellen, deren purer Genuss jedoch gefährlich werden kann. Die ganz hochprozentigen Destillate werden daher eher als Bestandteile von Mischgetränken mit ausgeprägtem Charakter angefertigt.

❡ Unter die Branntweine als Spirituosengattung werden viele andere Produkte eigenen Charakters gerechnet, die jedoch nichts mit Wein zu tun haben, wie Wodka, Whisk(e)y oder Obstbrände. Davon sollte sich der Weinliebhaber nicht irritieren lassen. Denn die Spirituosen sind ohnehin ein eigenes weites Feld, das mit dem Genuss von Wein im eigentlichen Sinne nichts zu tun hat. | 🦋

ZWEI WEISSWEINREZEPTE
AUS TRADITIONSREICHEN WEIN-
BAUGEBIETEN

Pfälzer »Woi-Gockel«

Zutaten: 1 großes frisches Hähnchen, Pfeffer, Salz, Öl, zwei Schalotten, Weinbrand, 200 g Champignons, 1/2 l Weißwein, süße Sahne nach Belieben

Zubereitung: Das Hähnchen in sechs Teile zerlegen, salzen, pfeffern und in heißem Öl gut anbraten. Schalotten hacken und dazugeben, anschmoren und mit einem doppelten Weinbrand flambieren. Champignons klein schneiden, hinzugeben, mit 1/4 l Wein übergießen und 30 Minuten dünsten. Das Hähnchen aus dem Topf nehmen und warm stellen. Den Bratensatz mit einem weiteren Viertel Wein vom Boden lösen, die Sahne hinzufügen, mit Salz und Pfeffer nachwürzen. Die Hähnchenteile in einer Schüssel mit der Soße übergießen und auftragen.

Tipp: Dazu reicht man frische Bandnudeln und einen kleinen gemischten Salat.

Gutedelrahmsuppe (badisch)

Zutaten: Je 30 g Gelbe Rüben, Lauch, Zwiebeln, Sellerie, Butter, Mehl, Salz und Pfeffer; 3/4 l Brühe, 1/8 l Gutedel und fünf Esslöffel Sahne

Zubereitung: Die Gemüse in kleine Würfel schneiden, in Butter andünsten und mit Mehl bestäuben. Dann mit der Hälfte des Weins ablöschen, mit Brühe auffüllen und alles 10 bis 15 Minuten köcheln lassen. Nun wird mit Salz und Pfeffer abgewürzt, die Sahne beigegeben und vor dem Auftragen die Suppe mit dem restlichen Gutedel verfeinert.

| Ein Blick in eine Weinhandlung | →

fig . 27 .

fig . 28 .

fig . 29 .

fig . 30 .

fig . 31 .

fig . 32 .

fig . 33 .

fig . 34 .

fig . 35 .

Wein

~

IST GESUND

»Wein ist gesund« ist eine eindeutige Aussage. Wer immer sie benutzt, legt dem Wein zwar keine heilenden, aber immerhin der Gesundheit zuträglichen Wirkungen bei. Zudem beruft er sich zur Legitimation des Wahrheitsgehalts dieser Aussage oft und gerne auf Traditionen, Aphorismen und Rezepturen alter Ärzte. »Wein ist gesund« steht also für eine alte Erfahrungstatsache, die man als gültig annimmt, obwohl man selbst meist keine andere Erfahrung damit gemacht hat, als dass der Arzt einem bescheinigt, trotz erheblichen Weinkonsums immer noch eine jungfräuliche Leber zu haben.

¶ Gehen wir also anders an diesen Satz heran. Formulieren wir ihn nämlich als Frage, so geraten wir beim Beantworten alsbald in argumentative Untiefen und gefährliche Strömungen. Wer die Frage nämlich uneingeschränkt bejaht, wird sofort aufgefordert, eindeutige Belege dafür beizubringen. Und da helfen Hippokrates, Hildegard von Bingen oder Paracelsus wenig, wenn es um gegenwärtige Probleme geht, zum Beispiel den jugendlichen Alkoholismus, der derzeit auf dem Vormarsch zu sein scheint, die genaue Dosierung von Weingaben bei Blutdruckproblemen oder die mit bestimmten Rotweinen assoziierte Krebsvorsorge in einzelnen bekannt gewordenen Fällen. Ein als Frage gestellter Satz, der eigentlich eine Aussage enthält, muss differenziert angegangen werden, wenn man sich selbst und seinen Diskussionspartnern gegenüber ehrlich, um nicht zu sagen wahrhaftig erscheinen möchte. Daher muss bei der Diskussion die Antwort auf die Frage zunächst offen bleiben. Und zwar bis zu dem Punkt der Abwägung der Argumente, an dem eine Seite offensichtlich alle oder wenigstens die wichtigsten Gegenargumente entkräften konnte.

¶ Ist Wein gesund? Wir können dies auf zweierlei Weise beantworten. Die eine ist eine ganz persönliche, von der oben angeführten sehr verschiedene. Jeder kann hier nämlich mit Fug und Recht seine eigenen Erfahrungen mit dem Weinkonsum auswerten und ein persönliches Statement abgeben. Dabei soll es hier nur um positive Antworten gehen, wir diskutieren über Wein, wir argumentieren nicht gegen ihn! So kann jemand sagen, er trinke stets ein Glas passenden Weines oder auch mehrere zu seiner abendlichen Hauptmahlzeit, einerseits zur Entspannung nach dem Stress des Arbeitstags, andererseits, weil das den Genuss der Speisen fördere. Eine solche Stellungnahme würde zwar auch vielen alten ärztlichen Lobpreisungen des Weines entsprechen, jedoch hier nur als persönliche Erfahrung wiedergegeben. Daran ist nichts auszusetzen.

¶ Es könnte dem jedoch trotzdem jemand widersprechen, und zwar sowohl konträr als auch kontradiktorisch, letzteres sogar mit Bezug auf allgemeines medizinisches Wissen. Der konträre Widerspruch würde lauten, dies sei nur eine Einzelmeinung, die nie zur Grundlage allgemeinen Wissens und Handelns werden könne und dürfe. Der kontradiktorische Widerspruch würde sich auf die Regelmäßigkeit des Weinkonsums in der ersten Aussage beziehen und dagegen stellen, dass nach allem ärztlichen Dafürhalten und allen medizinischen Lehrbüchern regelmäßiger Konsum die Gefahr einer Krankheit in sich berge, nämlich des Alkoholismus, der über den Gewöhnungsaspekt und die sich daraus entwickelnde Sucht definiert wird. Beide Widerspruchsformen würden den Wein mitnichten in Frage stellen, sie würden nur anempfehlen, ihn nie als gesundheitsfördernd zu bezeichnen. Damit wäre die Diskussion bereits stark polarisiert, auch wenn die Vertreter beider Argumentationen dem Wein nicht total abhold sind.

¶ Der kontradiktorische Widerspruch bietet nun aber einen durchaus positiven Ansatz für den nächsten Diskussionsschritt. Das ist die Berufung auf eine zeitgenössische Autorität, den heutigen Stand des medizinischen Wissens. Sie fordert alle Diskussionsteilnehmer dazu auf, sich sachkundig zu machen, und dankenswerterweise gibt es genug Informationsquellen, auf die man da zurückgreifen kann. Im Folgenden soll nun ein Überblick über dieses gesicherte medizinische Wissen gegeben werden, der weiteren Diskussionen ernsthafte Argumente liefern kann.

¶ In der griechischen Antike, in der man den Beginn der wissenschaftlichen Medizin zeitlich ansiedelt, war der Wein nicht nur allgemeines, ja Volksgetränk, sondern auch Gegenstand ärztlicher Besinnung und Therapie. Doch schon früher und in Kulturkreisen, aus denen die Griechen vieles übernahmen, wurde Wein medizinisch eingesetzt. In Persien etwa war der Wein gut bekannt, obwohl er den Anhängern der zoroastrischen Religion verboten war. So wurde er Wöchnerinnen als Stärkungsmittel zugebilligt, ansonsten als Anästhetikum, als Betäubungsmittel, eingesetzt, literarisch gut belegt insbesondere bei Schnittentbindungen. Medizinische Indikation steht hier über religiösen Geboten, was insgesamt von einer sehr aufgeklärten und liberalen Geisteshaltung in diesem Bereich zeugt.

¶ In der griechischen und römischen Medizin spielte der Wein eine doppelte Rolle. Er wurde in vielen Rezepturen verwendet, sowohl als unverfälschter Bestandteil als auch als eigenes Zubereitungsmittel. Man kochte Kräuter und sonstige Ingredienzien in Wein und ließ den Sud dann eventuell eindicken. Ob die alten Ärzte

und Pharmakologen es nun wussten oder wenigstens ahnten oder ob dieses Verfahren aus Erfahrung zu besseren Heilwirkungen führte – der Sinn dahinter ist, dass dadurch ein alkoholischer Auszug aus Kräutern und Mineralien hergestellt wurde, das heißt, aus diesen Zutaten wurden deren wirksame Inhaltsstoffe viel stärker extrahiert. Denn den Alkohol kannte man seinerzeit ja noch nicht, sondern nur das wirkende Prinzip des Weines und der anderen vergorenen Getränke.

¶ Direkte Anwendung fand der Wein dann spätestens seit den Tagen des Hippokrates, von dem man weiß, dass er Kranken – sofern die Erfahrung nicht dagegen sprach – fast immer zunächst Wein verordnete, und zwar nicht nur bei Erschöpfungskrankheiten und Auszehrungen. Seine eigenen Äußerungen und die seiner Schüler aus der berühmten Ärzteschule von Kos kann man zumindest so deuten, dass er mit der Weingabe – oft und gegen die allgemeine Sitte unverdünnt! – beim Kranken wohl ein physisches und psychisches Grundbild herstellen wollte, aus dem heraus mit viel eindeutigerem Ergebnis Entstehung, Entwicklung und mögliche Behandlung der jeweiligen Krankheit mit Patienten

und Kollegen diskutiert werden konnte. Noch heute weiß man, dass alkoholische Getränke bei Kranken bereits in kleinen Dosen zum Abbau von Ängsten, Linderung von Schmerzen und allgemein zu entspannteren Zuständen führt. Allerdings gibt es für all diese Probleme heutzutage natürlich viel spezifischer wirkende Mittel.

¶ Die ganze antike, mittelalterliche und sogar frühneuzeitliche Medizin hat dem Wein einen gewissen Stellenwert im therapeutischen und pharmakologischen Ansatz zugewiesen. Dann gab es eine gewisse Zeit, speziell seit die Medizin naturwissenschaftlich neu begründet wurde, wo solche Mittel in der wissenschaftlichen Medizin keine Rolle spielten. Bis im 18. Jahrhundert mit der einsetzenden Industrialisierung neue gesellschaftliche Probleme auftraten und die sich stark entwickelnde soziale Schieflage zum beängstigenden Alkoholismus der proletarischen Schichten führte. Nun musste sich die Medizin als Sozialmedizin neu definieren und den Alkohol, die alkoholischen Getränke und den Alkoholismus insgesamt zum Forschungsgegenstand erheben. Seit dieser Zeit hat sich durch ein Zusammenspiel von Biologie, Chemie, Pharmazie und

| Der Herzogliche Weinberg in Freyburg |

| Blick auf Freyburg |

Medizin bis heute eine Fülle von ernstzunehmendem Wissen auch über die medizinischen Eigenschaften des Weins angehäuft, die ständig weiterentwickelt wird. Das Wichtigste in Kürze.

¶ Die grundlegende Regel lautet: Frauen dürfen und können zwanzig Gramm, Männer dreißig Gramm Weinalkohol täglich zu sich nehmen, also ein bis drei Gläser, ohne bei ausgewogener und vitalstoffreicher Ernährung Gesundheitsprobleme befürchten zu müssen. Bei Einhaltung dieses Maßes wirkt der Wein durch seine Inhaltsstoffe, die wir ja bereits kennen, nachweislich positiv auf die Atmung, das Herz-Kreislaufsystem, sämtliche Verdauungsorgane, den Bewegungsapparat, die Haut, das Immun- und das Nervensystem. Dies äußert sich dann sowohl appetitanregend als verdauungs- und ausscheidungsfördernd, in der Erhöhung der Konzentration des guten bei gleichzeitiger Herabsetzung des schlechten Cholesterins, in Gefäßerweiterung und Verringerung der Thromboseneigung,

Erhöhung der Widerstandskraft, Herabsetzung des Alterungsprozesses, Zunahme der Sauerstoffversorgung und der Hirndurchblutung sowie Herabsetzung der Lebensfähigkeit von Mikroorganismen (antibakterielle und antivirale Wirkung). Für die Mineralstoffe und Spurenelemente im Wein, vor allem Natrium, Kalium, Magnesium, Kalzium und Eisen – alle dienen unter anderem der Blut- wie der Knochenbildung – gilt, dass ein bis zwei Glas Wein am Tag ganz erheblich zur Deckung des Tagesbedarfs eines erwachsenen Menschen beitragen.

¶ Zur besonderen Beliebtheit des Weins gegenüber allen anderen Alkoholika, das Bier vielleicht ausgenommen, trägt seine Wirkung als so genannter Spannungslöser bei. Er lockert seelische Verkrampfungen, stabilisiert dadurch die Gemütslage und stellt den lebensbejahenden Gleichmut wieder her. Dies schafft er bereits bei geringer Dosierung. Diese Wirkung kann labile Menschen mit falschen Vorbildern allerdings auch

dazu verführen, durch Flucht in den Alkohol, also eine andauernde hohe Dosierung, allen möglichen kommenden Unbilden des Lebens entgegenzutreten. Sorgen und Ängste in Alkohol zu ertränken kann jedoch bereits einmalig in der Nachwirkungs- und Ernüchterungsphase zu dem führen, was man gerne den metaphysischen Kater nennt. Über die körperlichen Folgeerscheinungen übermäßigen Alkoholkonsums – den physischen Kater – hinaus, die ja in überschaubarer Zeit wieder abklingen und gegen die man mit Hilfe der richtigen Ernährung vorgehen kann, stellen sich manchmal psychische Spannungen und Ängste ein, die man eigentlich bekämpfen wollte. Dies äußert sich vor allem in einem schlechten Gewissen, wenn und weil man sich nicht mehr recht an das Geschehen während des alkoholischen Exzesses erinnern kann oder deshalb, weil man genau weiß, dass man unter Kontrollverlust etwas Unschönes gesagt oder getan hat. Alkoholdepressionen können sich bald manifestieren, wenn man derartige Erscheinungen gleich wieder in Alkohol ertränkt. Das ergibt also einen gegensätzlichen Effekt zur entspannenden Wirkung des Weins mit weiterführenden Gefahrenmomenten.

¶ Da Wein nicht nur entspannt, sondern nach einer anfangs positiv stimulierenden Wirkphase auch die Schlafbereitschaft fördert, liegt hier bereits die Antwort auf eine noch gar nicht gestellte Frage: Wann am besten trinkt man Wein? Wenn man an die übliche Tagesbelastung der Menschen in der zeitgenössischen Gesellschaft denkt, ist das natürlich der Spätnachmittag und Abend. Da er hier ja meist in Verbindung mit einer der Hauptmahlzeiten des Tages genossen wird, machen sich sowohl die beruhigende und den Geist zugleich anregende Wirkung als auch der allgemeine Verträglichkeitsaspekt

bemerkbar. In Gemeinschaft mit gutem Essen heben sich beide in ihrer Geschmacksfülle und Bekömmlichkeit, die Wirkung eines eventuellen Glases zuviel ist leichter wieder gutzumachen. Wein am Morgen oder über Mittag genossen – ob mit oder ohne begleitendes Essen – führt zum verfrühten Nachlassen der Arbeitskraft und Einsetzen der Müdigkeitsphase am Nachmittag. Im Berufsleben kann das natürlich Folgen haben, die man vermeiden kann und sollte.

¶ Ein alter Spruch lautet: »Der Trinker kennt das Gift, der Abstinenzler die Heilkraft des Weines nicht.« Der große Arzt Paracelsus ergänzt: »Die Dosis macht das Gift.« Ihm galt das für alle Mittel, die er zur Heilung seiner Patienten einsetzte. Aber kann man in Verbindung mit Wein überhaupt ein Heilversprechen geben, liegt im Wein tatsächlich soviel Weisheit und medizinische Kraft, wie sie den Weinbauern und Weinliebhabern seit Urzeiten vorschwebt? Aus allem bisher gesagten ergibt sich mit einer gewissen logischen Folgerichtigkeit, dass Alkohol in bestimmten Dosen und unter bestimmten Umständen gut tut – außer jenen Menschen, die ihn aus irgendwelchen Gründen überhaupt nicht mögen oder vertragen. Unter noch konkreteren Umständen zeigt er sogar medizinisch nutzbare Heilwirkungen. Ergänzend kann man sogar getrost jene Ärzte zitieren, die sagen, dass bei normalerweise gewährleisteter Zurückhaltung im Weinkonsum bei periodisch geschehenden Überschreitungen der angeratenen Dosierung keine bleibenden Schäden zu erwarten sind. Das klingt insgesamt für den Weinliebhaber sehr beruhigend; die offenen Probleme dahinter sollen die Wissenschaftler unter sich bereinigen.

¶ Bleibt als zentrale Frage noch diese: Wer darf Wein trinken? Die Antwort lautet: Jeder erwachsene Mensch im Vollbesitz seiner geistigen Kräfte. Dies ist eine ebenso eindeutige Aussage wie »Wein ist gesund«. Nur können wir sie biologisch-medizinisch noch besser begründen. Lebewesen, das weiß man aus dem Biologieunterricht, zeichnen sich neben anderem dadurch aus, dass sie Entwicklungsphasen durchlaufen, die in sich nicht homogen sind. Ein scheinbar entfernt liegendes Beispiel: Auch japanische Kinder werden von ihren Müttern gestillt und nach der Stillphase mit tierischer Milch weitergefüttert. Aber irgendwann verlieren sie aus entwicklungsgenetischen Gründen die Fähigkeit, tierische Milch zu verdauen. Erwachsene Japaner haben also in Lebenswelten, die von Milchprodukten dominiert sind, erhebliche Ernährungs- oder zumindest Anpassungsprobleme.

| Die Qualität des gelagerten Weines muß regelmäßig überprüft werden. |

❡ Bei den Kindern und Jugendlichen dieser Welt ist in Bezug auf die Verwertungsmöglichkeit von Alkohol das Entwicklungsproblem genau andersherum definiert, denn der Primärabbau von Alkohol hängt ausschließlich von einem Leberenzym ab, der Alkoholdehydrogenase, das sich erst im Jugendalter zu entwickeln beginnt und auch da bei jedem auf unterschiedlichem Niveau. Ohne dieses Enzym verbleibt der Alkohol viel länger in Blut und Kreislauf und kann dadurch erhebliche Schäden mit Dauerfolgen im Organismus hinterlassen. Besonders bedenkenswert ist noch, dass Alkohol zu den stärksten Nervengiften zählt. Für die Bildung eines eigenen Geschmacks im Sinne kulinarischer Genussfähigkeit gilt sogar, dass sie erst mit dem Eintritt ins Erwachsenenalter mit 18 Jahren abgeschlossen ist. Bis dahin kann der persönliche Gaumen, wie man dazu gerne sagt, noch diverse Volten schlagen. Zwar sollte man allen Menschen zugunsten dieser Geschmacksbildung alles Mögliche anbieten, damit sie es wenigstens einmal kennen gelernt haben, nur in Bezug auf Alkohol gilt dies überhaupt nicht.

❡ Biologisch gesehen können wir also sagen, die Natur habe den Menschen mit einer Fähigkeit zum ganz natürlichen Alkoholabbau ausgestattet. Bei natürlichen Prozessen sollte man nie nach dem Warum fragen, weil solche Fragen nicht zu beantworten sind – die Natur handelt ja nicht bewusst, sondern in ihr verlaufen Prozesse, die unter anderem den Menschen mit seinen Fähigkeiten zum Ergebnis haben und die wir erforschen können. Legitim ist jedoch die Frage: »Wenn wir diese naturgegebene Fähigkeit besitzen, dürfen wir sie dann auch kultivieren?« Die Antwort ist ausdrücklich »ja«! Und ein Resultat dieser Kultivierung ist historisch gesehen der Weinbau und die Weinkelter.

Dieses Faktum dürfen wir nicht vergessen oder missachten.

❡ Dass junge Menschen noch keinen Umgang mit Wein pflegen sollten, ist gesellschaftliches Wissen seit langem. Dass sie diesen Umgang anstreben, um irgendwann einmal als vollwertige Mitglieder ihrer Gesellschaft anerkannt zu werden, ebenso. Also muss man sie behutsam dahin führen, dass sie so bald als möglich zu einer verantwortungsbewussten Haltung gegenüber dem Wein und sich selbst gelangen. Frühere Gesellschaften benutzten dazu komplexe Initiationsriten wie die schrittweise Zulassung zu den wichtigen gesellschaftlichen Ereignissen. Geburt, Heirat, Tod, kultische Handlungen, Kirchweih, Kirmes, Jahrmarkt – Anlässe, bei denen zum Beispiel Wein genossen wurde, gab es genug. Und alle Gesellschaften und Epochen haben es – immer mit Ausnahmen, auch das wissen wir – stets geschafft, einen ordentlichen Gang der Dinge zu gewährleisten. Nur in Krisenzeiten gerät dieses initiatorische Gefüge zeitweise ins Wanken. Das sollte uns heute zu denken geben.

❡ Erwachsene dürfen Wein trinken, Menschen im Vollbesitz ihrer geistigen Kräfte, womit auch eine gewisse charakterliche Festigung gemeint ist. Dies spricht für eine reifere Jugend, die man vor Genuss des ersten Weins erreicht haben sollte. Erwachsene mit psychischen Problemen sollten jeden Alkohol meiden. Denn hier haben wir ein noch völlig offenes medizinisch-psychologisches Problem vor uns, das uns zur vorbeugenden Vorsicht gemahnt. Nun haben wir uns sehr weit an eine erneute Formulierung und Beantwortung der Ausgangsfrage dieses Kapitels herangearbeitet.

❡ Louis Pasteur, der große Chemiker und Erfinder der Pasteurisierung, also der Entkeimung und Haltbarma-

♀ Ökologischer Weinbau

In Deutschland wird auf rund 1600 Hektar Öko-Weinbau betrieben, das sind nur rund 1,5 Prozent der deutschen Anbaufläche. Jährlich erzeugen die Öko-Winzer ca. acht Millionen Liter Wein – das ist ein Prozent der gesamten deutschen Weinproduktion. Qualität statt Quantität heißt die Devise – das bedeutet bewusst niedrige Erträge. Zum Düngen verwenden die Winzer organische Abfälle wie Trester und Hefe, Kompostpräparate und Mehle aus Meeresalgen. Zur Insektenabwehr setzen sie Brennnesseltee oder Algenextrakte ein. So kann eine intakte und artenreiche Bodenflora und -fauna die Widerstandskraft der Rebe gegen Schädlinge stärken und Nützlinge begünstigen. Durch intensive Humuswirtschaft wird der Nährstoffbedarf der Rebe gedeckt. Grünstreifen zwischen den Rebstöcken verwandeln den Weinberg in einen wertvollen Lebensraum für Schmetterlinge und andere Insekten. Herbizide sind tabu, ebenso genmanipulierte Pflanzen.

| Le muscat blanc – der Weiße Muskateller |

DER BIOWEIN / Seit gut dreißig Jahren wird ökologischer Weinbau betrieben. Vorbild waren die südfranzösischen naturbelassenen Weine. Damals stand der biodynamische Anbau im Vordergrund, die Qualität der Weine ließ oft zu wünschen übrig und war lange Zeit im Visier der Weinkritiker. In den letzten Jahren hat sich dies geändert. In vielen Ländern nehmen immer mehr Winzer die teilweise sehr lange Umstellung in Kauf, betreiben eine sehr sorgfältige Pflege der Weintrauben und liefern hochwertige Weine in auch für Weinkritiker überzeugender Qualität. Vor allem in Deutschland, Frankreich und Italien findet man heute immer mehr Spitzenproduzenten, die nach den Methoden des ökologischen und biodynamischen Weinbaus arbeiten und vielleicht gerade deshalb ausgezeichnete Weinqualitäten aufweisen können. ¶ Biowein wird sehr sorgfältig und unter strengen Auflagen produziert, was für qualitätsbewusste Verbraucher ein wichtiges Argument ist. Wer solchen Wein kauft, leistet einen Beitrag zum Naturschutz und zur eigenen Gesundheit. Nachweislich werden keine chemischen Spritzmittel verwendet; strenge Kontrollen sorgen überdies dafür, dass schädliche Zusätze oder gar Panschereien mit Farbstoffen und Zucker unterbleiben. Echter Biowein – erkennbar am Etikett »Ecovin« – soll dank des maßvollen Zusatzes an Schwefel auch für Allergiker gut verträglich sein.

chung etwa von Milch durch Kurzzeiterhitzung, prägte vor über hundert Jahren den Spruch: «Le vin est la plus saine et la plus hygiénique des boissons» (Der Wein ist das gesündeste und hygienischste aller Getränke). Er bezog dies auf die Selbstreinigungskräfte und die Sterilität des Weins aufgrund der alkoholischen Gärung und auf die Tatsache, dass selbst starke Weine dem menschlichen Organismus eher nützlich erschienen als dass sie ihm schädlich sein könnten. Heute wissen wir, im welchem Umfang er damit Recht hatte. Und können mit Entschiedenheit sagen: Wein ist gesund – sogar bei regelmäßigem Genuss, wenn der ein gewisses Maß nicht überschreitet. |

Impressum

Bibliografische Information der Deutschen Bibliothek
Die Deutsche Bibliothek verzeichnet diese Publikation in
der Deutschen Nationalbibliografie; detaillierte bibliografische Daten sind im Internet über http://dnb.ddb.de
abrufbar.

© 2005 by Jan Thorbecke Verlag
der Schwabenverlag AG, Ostfildern
www.thorbecke.de | info@thorbecke.de

Dieses Buch ist aus alterungsbeständigem Papier nach
DIN-ISO 9706 hergestellt.

Gestaltung Finken & Bumiller, Stuttgart | Dirk Wagner
Gesamtherstellung Jan Thorbecke Verlag, Ostfildern

Printed in Germany | ISBN 3-7995-3516-0

Bildnachweis

Antes Weinbau und Rebenveredelung, Heppenheim: 45, 89;
Deutsches Weininstitut (DWI): 26, 76, 104; Ljubicic, Davor/Jo-
hann-Peter Regelmann, mit freundlicher Unterstützung durch
den »Weinmarkt an der Laube«, Konstanz: 63, 75, 97, 109; Pfalz-
wein e.V., Neustadt an der Weinstraße: 29, 42, 51 o., 52, 58, 69,
82, 89; Rheinhessenwein e.V., Alzey: 13, 38; Saale-Unstrut
Tourismus e.V., Naumburg: 51 u., 103; Stadtbibliothek Trier: 28,
31, 40, 54, 66, 78 (Sign. 3 159 4°), 16, 46 (Sign. 3 277 4°), 56,
95, 106 (Sign. AP 31 4°); Württembergische Landesbibliothek,
Stuttgart: 47, 59, 85 (Sign. Gew. oct. 657), 9 (Sign. Gew. oct. 981),
99 (Sign. Gew. oct. 1029-1); 21, 71 (Gew. oct. 1029-2), 92
(Sign. Gew. oct. 3963-2), 4, 33, 84, 98 (Sign. Misc. fol 32-1), 8,
20, 32 (Sign. Nat. G fol. 738); 11, 17, 23, 30, 35, 41, 49, 55, 61,
67, 73, 79, 81, 86, 93, 101, 107 (Sign. Nat. G fol. 768); VDP – Die
Prädikatsweingüter, Gau-Algesheim: 14; VollherbstDruck, En-
dingen: 19, 25, 68, 83, 90; Weinbauverband Hessische Bergstraße,
Heppenheim: 37, 64. – Alle übrigen Abbildungen: Verlagsarchiv.

Wir danken allen Rechteinhabern für die freundliche Genehmi-
gung zum Nachdruck. Trotz nachdrücklicher Bemühungen ist es
uns nicht gelungen, alle Rechteinhaber zu ermitteln. Wir bitten
diese daher um Verständnis, wenn wir gegebenenfalls erst nach-
träglich eine Abdruckhonorierung vornehmen können.

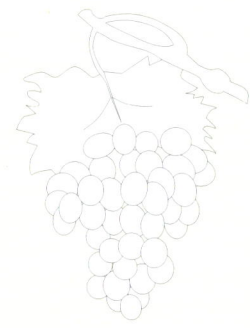

Edelsüss und Rosenscharf
Die Welt der alten Gewürze

112 Seiten
Durchgehend vierfarbig bebildert
Gebunden mit Schutzumschlag
23,8 × 23,8 cm
ISBN 3-7995-3515-2

Ob im eigenen Garten gezogen oder aus fernen Ländern importiert – Gewürze sind mehr als nur »Geschmacksverstärker«. Ihre Aromen bringen uns verloren geglaubte Erinnerungen zurück oder laden ein zu einer geschmacklichen Reise in exotische Gefilde. Auf den Spuren der Karawanen und der Galleonen macht sich Rita Kopp auf die Suche nach der Herkunft der Gewürze. Sie berichtet anhand historischer Abbildungen von den Gewürzpflanzen und deren Anbau, erklärt ihre Zubereitung und ihre Wirkung. Auch vergessene oder in Europa kaum bekannte Gewürze werden vorgestellt Alte und neue, exotische und nostalgische Rezepte und Abbildungen geben dem Buch die besondere Würze.

Eine Reise in die Welt der Gewürze – lebhaft erzählt und liebevoll gestaltet.

Unser gesamtes Programm finden sie unter
www.thorbecke.de